フィールドの基礎化学

その応用と展開への道しるべ

水野 直治
水野 隆文 共著

産業図書

まえがき

　本書では化学の基礎とフィールドで起こるさまざまな現象や問題解決への応用を目的としてとりまとめた．また，身のまわりを見ると，家庭におけるガス中毒，工場での粉じん爆発，温泉などでの毒ガス事故など危険な化学物質による事故が多い．一般の基礎的な化学書でこれらの危険に対する問題を取り扱っているものが見当たらない．化学物質あるいは自然界で発生するこれらの問題について絶えず気配りをするのは化学にたずさわる者にとっての社会的責務と考える．

　一方，多くの子供たちが理科離れをしているといわれてから久しい．なぜそれほど魅力がないのだろうか．われわれフィールドの研究に触れていて時々何かの核心に近づいたとき，2，3日ろくに寝ないでその研究に取り組むときがある．それは義務的な仕事をやらされて骨身を削って我慢してやっているのとは全く異なる．「胸をわくわくし，自然の謎を解く魅力に引き込まれて答えが出るまでやめられない」というのが本音である．自然界にはそのような魅力がまだまだ沢山あることを知って頂きたい．そうしてフィールドの化学の世界にも数学と似たところがあって，論理的であり，筋道をたてて考えて矛盾のない答えであれば，それは多くの場合正解であろう．そのようにして求めた研究結果の一部も本書のなかに書かせていただいた．

　本書では基礎的な生命化学から地球化学まで取り上げ，これを身近な具体例で扱ってみた．フィールドにおいては多くの方面で化学現象があり，化学の目で見ると全く新しい世界が見えてくることも少なくない．またフィールドの問題に触れる前に充分な化学の訓練を受けなかった初心者でもわかるように初歩的な化学計算法なども簡単に示した．フィールドに山積する問題はきわめて多面的で，一分野の専門知識のみに造詣が深くても太刀打ちできない場合が多い．一見何の関係もないような横のつながりの現象が重要な問題解決のカギに

なる場合がある．そのようなことから，さまざまな現象を多方面から見るように心がけ記した．筆者の力量不足で充分描ききれなかったことはお詫びしたい．また，本書の執筆に当たり東北大学大学院の南條正巳教授に資料の提供や貴重な助言をいただいた．ここに感謝の意を表したい．

　本書がフィールドの現象や化学に興味を持つ人々，またはさまざまな現場で化学的な危険性と接する方々の手助けになれば幸いである．

2007 年 6 月

著　者

目　次

まえがき

I　物質は何からできているか ………………………………… 1
　1. 物質とはなにか ……………………………………………… 1
　2. 原子 …………………………………………………………… 2
　　1) 原子の基準 ………………………………………………… 2
　　2) 原子の大きさ ……………………………………………… 3
　　3) 電子殻 ……………………………………………………… 4
　3. 元素 …………………………………………………………… 5
　　1) 原子番号は陽子の数であり，元素の種類を示し，原子量は
　　　 陽子と中性子で決まる …………………………………… 5
　　2) 同位体 ……………………………………………………… 5
　　3) 同位体の応用 ……………………………………………… 6
　4. 分子 …………………………………………………………… 9
　5. イオン ………………………………………………………… 10
　6. 周期表 ………………………………………………………… 10
　　1) 周期表は化学の道しるべ ………………………………… 10
　　2) 周期表の族は外殻の電子数と化学的性質を示すバロメータ ……… 12
　　3) 化学反応 …………………………………………………… 13
　7. 無機化合物の命名法 ………………………………………… 15

II　化学のための記号と計算法 ………………………………… 17
　1. 記号 …………………………………………………………… 17
　　1) ギリシャ文字 ……………………………………………… 17

2）SI 単位の接頭語 ・・・ 18
2. 指数計算 ・・・ 20
  1）指数の累乗（べき）・・ 20
  2）指数の掛け算と割り算 ・・・・・・・・・・・・・・・・・・・・・・・・・・・・・・・・・・・・・・ 20
  3）数の1乗と0乗 ・・ 21
  4）指数法則 ・・ 21
  5）対数 ・・・ 22
3. モル（mol）とモル濃度（M）の計算法 ・・・・・・・・・・・・・・・・・・・・・・ 23
  1）アボガドロ数を基準とした mol（量）と M（濃度）・・・・・・・・・ 23
  2）気体の比重の求め方 ・・ 24
4. イオン反応とラジカル反応の違い ・・・・・・・・・・・・・・・・・・・・・・・・・・・・ 24
5. 物質の三態 ・・・ 25
6. 規定濃度 ・・ 27
7. ppm, ppb, ppt ・・・ 28
8. 溶解度積の原理 ・・ 28
  1）イオン積（水の溶解度積）・・・・・・・・・・・・・・・・・・・・・・・・・・・・・・・・・・ 28
  2）難溶性化合物の溶解度積 ・・・・・・・・・・・・・・・・・・・・・・・・・・・・・・・・・・・ 29
  3）共通イオン効果 ・・ 29
9. 主要な用語 ・・・ 30
  1）化学用語 ・・ 30
  2）環境問題 ・・ 32

Ⅲ 酸とアルカリ ・・・ 35
 1. 酸とは何か ・・・ 35
  1）酸の定義 ・・ 35
  2）水素イオン濃度のpスケール表示 ・・・・・・・・・・・・・・・・・・・・・・・・・・ 36
 2. 酸の解離 ・・ 36
 3. 緩衝作用 ・・ 38
  1）炭酸水素イオンの緩衝作用 ・・・・・・・・・・・・・・・・・・・・・・・・・・・・・・・・・ 38

Ⅳ 酸化と還元 ・・・ 41

1. 酸化還元とは電子のやりとり ………………………… 41
　　　　1) 電子の放出は酸化，受け取りが還元 ……………… 41
　　　　2) 鉄はゆっくり燃えて酸化する ……………………… 43
　　2. 熱力学の3法則 ………………………………………… 44
　　　　1) 熱力学第1法則 ……………………………………… 44
　　　　2) 熱力学第2法則 ……………………………………… 45
　　　　3) 熱力学第3法則 ……………………………………… 45
　　3. 酸化還元とフィールドの問題 ………………………… 47
　　　　1) メタンの生成 ………………………………………… 47
　　　　2) 酸化還元と生物—食べ物は酸化してエネルギーを出す ………… 48
　　　　3) 活性酸素—多量の酸素は毒である ………………… 48
　　　　4) 硫酸酸性塩土壌—海の底にたまったイオウ ……… 50

Ⅴ　物質の溶ける原理 ………………………………………… 53
　　1. 溶けるとはどのようなことか ………………………… 53
　　　　1) バリウムと毒性 ……………………………………… 53
　　　　2) 上下水道の水処理 …………………………………… 53
　　2. 溶解度積の原理の応用 ………………………………… 54
　　3. pHと溶解度 …………………………………………… 55
　　4. pHによる化合物の形態変化と溶解度 ……………… 56
　　5. 洗い物 …………………………………………………… 58
　　6. 類は友を呼ぶ …………………………………………… 58
　　7. キレート化合物 ………………………………………… 59

Ⅵ　環境，岩石，土壌 ………………………………………… 61
　　1. プレートテクトニクス ………………………………… 61
　　2. 火山岩とその化学組成 ………………………………… 63
　　3. 超塩基性岩 ……………………………………………… 64
　　　　1) 岩石の成り立ち ……………………………………… 64
　　　　2) 蛇紋岩土壌中の元素分布 …………………………… 66
　　4. 石灰岩 …………………………………………………… 68

5. 火山噴出物 ･･ 69
　1) テフラ（火山噴出物）･･････････････････････････････････ 69
　2) 一次鉱物 ･･ 69
　3) 飛行機は噴火火山の東側を飛んではいけない ････････････ 72
6. 堆積岩 ･･ 72
7. 粘土鉱物 ･･ 73
　1) 風化と土壌化 ･･ 73
　2) 粘土鉱物とは ･･ 75
　3) X線による粘土鉱物の同定 ････････････････････････････ 75
　4) 陽イオン交換容量 ････････････････････････････････････ 76
　5) 粘土の生成 ･･ 77
　6) 山崩れと地下水成分 ･･････････････････････････････････ 78
　7) 土壌の形成 ･･ 79
　8) 土壌成分の溶解 ･･････････････････････････････････････ 81
　9) 粘土はなぜ濁りの原因となるのか ･･････････････････････ 83
　10) 蛇紋岩粘土はなぜ地滑りするか ････････････････････････ 84

Ⅶ　生物と環境 ･･ 85
1. 超塩基性岩地帯 ･･ 85
　1) 特生植物の宝庫 ･･････････････････････････････････････ 85
　2) 悪条件が特生植物を生む ･･････････････････････････････ 86
　3) 環境に適応するには長い年月が必要 ････････････････････ 86
2. ニッケル超集積性植物 ･･････････････････････････････････ 88
3. 石灰岩地帯の生態 ･･････････････････････････････････････ 88
4. ニッケル過剰障害への対策 ･･････････････････････････････ 89
5. 土壌病害は土壌環境変化で変わる ････････････････････････ 89
6. 光 ･･ 93
　1) オゾンは酸素に紫外線を当てることによってできる ･･････ 93
　2) 最初の多量の酸素はストロマトライトが作り出した ･･････ 93
　3) 紫外線はUV-A, UV-B, UV-Cに分けられる ･･････････････ 93
　4) 植物は紫外線カット物質を持っている ･･････････････････ 94

5）オゾンホールの発生は地上生物の死活問題 ･････････････････ 94
　　　6）ナスの紫色は紫外線対策 ････････････････････････････････ 95
　　　7）フッ素，塩素，臭素などのハロゲン属がオゾン層を破壊する ････ 97
　7．植物はなぜ緑か ･･ 98
　8．生物と環境の関わり―先入観より自然の摂理 ･･･････････････････ 98

Ⅷ　植物の水と養分獲得戦略 ･･････････････････････････････････ 101
　1．水の吸収 ･･･ 101
　　　1）形態上の耐旱性 ･･･････････････････････････････････････ 101
　　　2）植物生理からみた耐旱性 ･･･････････････････････････････ 102
　2．養分の吸収 ･･･ 105
　　　1）養分の運び屋―トランスポーター ･･･････････････････････ 105
　　　2）植物による環境浄化 ･･･････････････････････････････････ 109
　　　3）ムギ類の銅欠乏 ･･･････････････････････････････････････ 113
　3．科学の世界を変えた DNA の解明 ･･･････････････････････････ 115

Ⅸ　物質循環 ･･ 117
　1．水 ･･･ 117
　　　1）生命の水は循環する ･･･････････････････････････････････ 117
　　　2）淡水はわずか3％ ･･････････････････････････････････････ 117
　　　3）比熱の大きい水が地球を守る ･･･････････････････････････ 118
　　　4）古代の灌漑文明は塩類集積で滅んだ ･････････････････････ 118
　2．炭素 ･･･ 119
　　　1）大気の二酸化炭素が増大する ･･･････････････････････････ 119
　　　2）炭素の大部分は炭酸塩 ･････････････････････････････････ 119
　　　3）光合成を上回る二酸化炭素の放出量 ･････････････････････ 120
　3．窒素の循環 ･･･ 122
　4．ケイ素 ･･･ 123
　　　1）火山岩の山の形はケイ酸含有率で変わる ･････････････････ 123
　　　2）ケイ酸の流出した土壌のなれの果て"ボーキサイト" ･･････ 123
　　　3）流れ出たケイ酸は湖水や海のけい藻の大切な栄養源 ･･･････ 123

X　環境汚染 ……………………………………………………… 125
1．重金属汚染 ………………………………………………… 125
1) カドミウム（Cd）：今も続くイタイイタイ病 ……………… 125
2) 鉛汚染：水鳥の鉛中毒が止まらない ………………………… 126
3) 水銀（Hg）：地球上に降り注ぐ水銀量は年間約 8,000 トン …… 126
4) 米のカドミウム含有率はなぜ落水すると高まるか ………… 129
2．地球温暖化 …………………………………………………… 131
1) 地球温暖化のメカニズムとその影響 ………………………… 131
2) バイオエタノールは対策の切り札になりうるか …………… 132

XI　身を守る化学 ………………………………………………… 135
1．劇物・毒物の分類 …………………………………………… 135
2．化学物質による災害と対策 ………………………………… 136
1) 無機ガス ………………………………………………………… 136
2) 強アルカリおよび酸の性質と取り扱いの注意 ……………… 139
3) 野外におけるガス中毒事例 …………………………………… 140
3．生物毒, アレルギー ………………………………………… 147
1) ハチ毒 …………………………………………………………… 147
2) ウルシかぶれ …………………………………………………… 150
3) イラクサ類 ……………………………………………………… 151
4) トリカブト属 …………………………………………………… 151
5) 青酸毒（MCN: シアン化物）―毒は植物の防護手段― ……… 151

XII　分析化学 ……………………………………………………… 153
1．色と光 ………………………………………………………… 153
1) 波長と色 ………………………………………………………… 153
2) 通りやすい光が色を決める空と海―海の色はなぜ青いか …… 154
2．重量法 ………………………………………………………… 155
3．クロマトグラフ法―「しみ」から発達した分析法 ………… 155
4．吸光光度法―光の透過は物質の濃度に反比例する ………… 156
5．発光分析と原子吸光光度法 ………………………………… 156

1) 原理 ……………………………………………………… 156
　　2) 原子吸光光度法 ………………………………………… 157
　　3) 水銀分析計 ……………………………………………… 158
　6. X線回折装置 ………………………………………………… 158
　7. 分析上の注意事項 …………………………………………… 159
　　1) データの検出にはチェック機能を付けること ……………… 159
　　2) 環境汚染物質は極力出さない ………………………………… 160
　8. 植物体乾物中の主要元素含有率 …………………………… 161
　　1) 多量要素（乾物中含有率） ……………………………… 161
　　2) 微量要素 ………………………………………………… 162
　9. 分析機器使用上注意すること ……………………………… 163

参考書 …………………………………………………………… 165
付　表 …………………………………………………………… 167
索　引 …………………………………………………………… 183

I　物質は何からできているか

1. 物質とはなにか

　われわれの生活は物質と離しては考えられない．そしてこの著書の目的である化学は物質を扱う科学である．物質が何からできているか考えよう．たとえば水を見ても固体，液体，気体のいずれの状態であって，他の物質も同じである．また地球も含めた宇宙を作っている材料はすべて物質と呼ばれるものである．すべての物質は元素という基本的な物質から成り立っている．これらの物質を分けて見ると次のようになる．

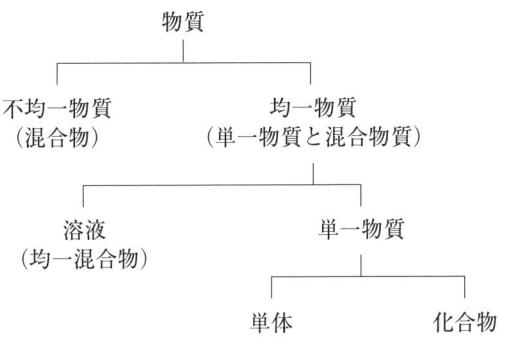

　物質には不均一なものと均一な物質があり，コンクリートや花こう岩は同じ物質からできているようでも中は不均一な異なる物質の混合物である．これに対して純粋な食塩や砂糖などはそのどの部分をとっても食塩か砂糖であり，こ

れらは均一物質である．ガソリンや酒などは単一の物質ではなく，幾つかの物質の混合物質であるが，これらは完全に溶け合っていて均一な物質となっている．

大部分の溶液は均一であるが，すべてがそのような物質ばかりではない．牛乳は均一に見えても中身は微妙に異なり，微少部分では脂肪やタンパク質などが組み合わされていて均一物質とはいえない．純粋の鉄，あるいは銅は元素といわれる単体である．酸素もオゾンも同じ酸素元素からなる単一物質である．これに対して純粋の食塩は単一物質であるが，ナトリウムと塩素という元素からなる化合物である．これら単体や化合物という物質の元となっている元素は物質としてそれ以上分けることのできないものである．

2. 原　子

ここではさまざまな物質を作る元素は何からできているのだろうか？　それを考えてみたい．

1) 原子の基準
原子は陽子と中性子からなる原子核とその周りを回る電子からなる物質の基本的な単位である．

原子の定義：原子は「もうこれ以上細分できないもの」という意味がある．科学的には1803年にイギリスの科学者ジョン・ドルトンが初めて原子説を唱えた．その中身は次のようなものである．
 a. 原子は物質の最小の粒子である．
 b. 同一元素の原子はどれも性質が同じである．
 c. 種類の違った元素の原子は性質が異なる．
 d. 化合物は2種以上の元素の原子が一定の割合で結合することによってできる．

以上から，物質の最小単位は原子で，この原子には鉄や銅，酸素などさまざまな種類があり，これが元素である．原子はその中心に原子核といわれる部分があり，この部分は陽子と中性子からできている．その周りを電子が電子殻とい

われるそれぞれの電子軌道を回っている.

2) 原子の大きさ

　原子の半径は1兆分の1 cmである.

　原子の基本粒子は原子核に存在する中性子，陽子とその周りを回る電子からなるが，原子核の半径は 1×10^{-12} cm と小さく，電子が回る原子の大きさは原子核の1万倍の 1×10^{-8} cm である．この大きさを普段知られている物体の大きさと比較してみよう．1 cm はほぼサクランボの直径の大きさである．これに対して血球細胞の大きさはサクランボの約千分の1の 1×10^{-3} cm である．

　多くの動物の病原体であるウイルスは血球の10の1の 1×10^{-4} cm しかない．生物の体を作っている基本物質であるタンパク質は巨大分子である．このタンパク質などの巨大分子でもサクランボの約百万分の1の 1×10^{-6} cm しかない．砂糖などの分子の大きさはこの巨大分子のさらに1/10程度であり，原子の大きさはこれよりさらに1/10しかない．

　大きい方を見ると，ヒトの大きさはサクランボの百倍（10^2 cm）ある．エベレスト山はサクランボの百万倍の 1×10^6 cm であり，地球の大きさはサクランボの10億倍の 1×10^9 cm である．

　陽子・電子・中性子：原子を構成する陽子と電子は，中性子が別れてプラスとマイナスに荷電（電気を帯びて）した別々の粒子になったと考えられている．電子，陽子，中性子の重さ（質量）は次の通りである．すなわち，陽子と中性子はほぼ同じ質量であるが，しかし陽子と電子の合計よりも中性子の方がわずかに重い．電子の質量は陽子や中性子の質量の1,837分の1である．したがって陽子と中性子はほぼ同じ質量のようにして扱えるが，電子は無視できるほど軽い．

種類	質量（重さ）
電子	9.109×10^{-31} kg
陽子	1.673×10^{-27} kg
中性子	1.675×10^{-27} kg

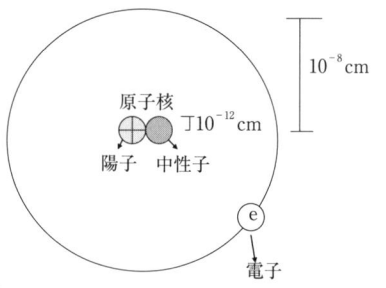

陽子：1.673×10^{-27} kg, 中性子：1.675×10^{-27} kg, 電子：9.109×10^{-31} kg

図 I-1 原子の模型（重水素）

3) 電 子 殻

電子の回る電子殻はタマネギのようにおのおのの層に別れていて，各層に入る電子の数は決まっている．

原子核の周辺を回る電子は一定のエネルギー単位を持った軌道が存在する．この電子軌道を電子殻という．電子殻は球面で，それぞれの電子殻には一定の数の電子しか入り込めない．水素やヘリウムのように軽い原子の電子殻は一層であるが，陽子数の多い重い原子は何層もの電子殻を持つ．このような原子模型はデンマークのニルス・ボーアによって考えられた．

パウリの原理：原子の中で電子の入る電子殻とそこに入る最大電子数を示す．内側の1番目をK殻とし，順を追ってL殻，M殻，N殻と呼ばれている．ピンポン球のような薄い殻からなると考えればよい．電子殻に存在できる電子数は一番内側のK殻は2個，第2の電子殻はL殻で8個である．第3の電子殻のM殻は18個，次はN殻で32個である．電子殻が原子核から n 番目であるとすると，収まる最大電子数は $2n^2$ 個である．この原理はスイスの物理科学者でありボーアの弟子であったパウリによって発見されたので，パウリの原理という．パウリの排他律，または禁制原理ともいう．

3. 元　素

1) 原子番号は陽子の数であり，元素の種類を示し，原子量は陽子と中性子で決まる

元素の構成：元素は原子の種類である．酸素とか水素とか炭素などは同じ原子であるが，種類の違う元素である．原子は陽子，中性子，電子の3種の粒子からなるが，原子核の中の陽子の数で原子の種類は変わる．要約すると次のようにいうことができる．
 a. 原子番号はその元素の陽子数である．
 b. 質量（原子量）は陽子と中性子の和である．
 c. 陽子（＋）と電子（－）が同数の時は電気的に中性である．
　陽子の数で，元素の種類は異なるが，陽子数が同じでも中性子の数が違うと質量が異なる．しかし化学的性質は同じである．

2) 同 位 体
　陽子数が同じで中性子数の異なる原子をその元素の同位体という．

　重さが違っても同じ元素の同位体の化学的性質は同じである．したがって，化学的性質は陽子の数で決まる．原子番号（陽子の数）は同じである（同一元素）が，中性子の数が異なるものを同位体という．たとえば水素原子は陽子1個と電子1個の元素である．これは軽水素（プロチウム）という．ところが水素原子の中には原子核に陽子1個と中性子1個の原子があり，これを重水素（デューテリウム）という（図Ⅰ-2）．水素には重水素のほか中性子を2個持つ三重水素（トリチウム）がある．中性子を浴びたときできる放射性水素である．このように同じ水素でも原子核に含まれる中性子の数によって異なった重さになる．このように原子番号と質量数の関係は次のように表示する慣わしである．すなわち，元素記号の左側上付きに示す数値は質量を示し，左側の下付きの数値は原子番号である．

質量数　　　$^{1}_{1}H$　$^{3}_{1}H$　$^{12}_{6}C$　$^{14}_{6}C$　$^{14}_{7}N$
原子番号

　化合物の分子は化学結合によって原子同士が結合して作られているが，原子核は陽子と中性子が何個か結合してできている．化合物の結合エネルギーはたかだか数eV（電子ボルト）であるので，熱や紫外線，光子のような低エネルギーでも簡単に分解する．しかし，原子核を作る陽子や中性子の結合は$1×10^{6}eV^{*}$以上の大きいエネルギーなので，極度の高温，宇宙線，荷電した原子や素粒子をサイクロトロン（磁気の中で荷電した原子や原子以下の粒子を磁場で加速する円形装置）で加速した高エネルギーのイオンなどを当てないと分解しない．

　　　軽水素の原子核　　　　　重水素の原子核　　　　　三重水素の原子核

　　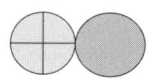　　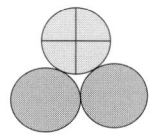

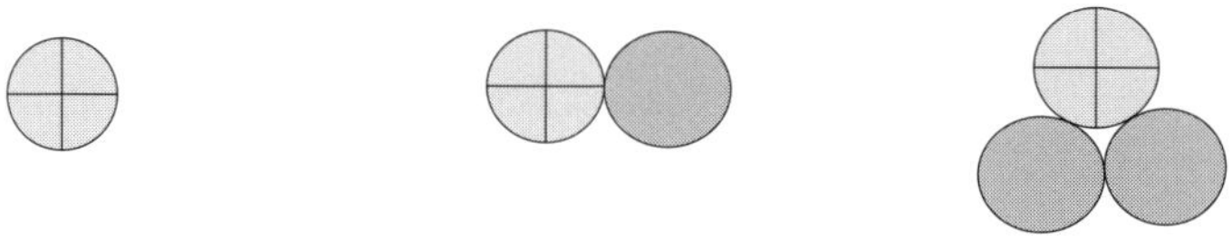

　　　　水素　　　　　　　　　　重水素　　　　　　　　　三重水素
　　　プロチウム　　　　　　　デューテリウム　　　　　　トリチウム
　　　陽子のみ　　　　　陽子1個，中性子1個　　　陽子1個，中性子2個

図 I-2　水素の同位体の原子核

いずれも同じ水素の原子核で陽子は1個であるが中性子の数が異なる．
トリチウムは放射性同位体で，重さはプロチウムの3倍である．

　しかし陽子と中性子の組み合わせが悪いと原子核は不安定であり，より安定した原子核に変わろうとする．これが原子核の中性子が陽子となる原子核の壊変である．このとき原子核から飛び出してくるのがβ線（放射線の一種）である．このあたりのことは一般に化学では取り扱わない．

3）　同位体の応用

　実際のフィールドでの同位体の応用は広範囲に及ぶ．その一端を述べよう．

年代測定：フィールドで調査対象物の誕生した年代を知ることはきわめて重

＊　1個の電子（－e）と1個の陽電子（＋e）の消滅によって1.022 MeV（メガ電子ボルト）のエネルギーの放出と2個の光子が現れる．

要であるが．何千年前，何万年前という年代をどのようにして求めることができるのであろうか？　このような自然界の年代を計る方法の一つに炭素14法（^{14}C法）がある．生物の体には炭素や水素，酸素が多く含まれるが，炭素は生物が生きている間たえず大気や食べ物から取り込まれる．^{14}Cは大気中に微量にある放射性の炭素である．

大気の上層部では宇宙からの放射線に曝(さら)されているので，二酸化炭素などの炭素が一定の割合で^{14}Cを含む．したがって，生物が生きている間は同じ割合で^{14}Cが体内に取り込まれる．しかし，生物が死ぬと，^{14}Cの取り込みは無くなるので，^{14}Cは放射線のβ線を放出しながら安定した^{12}Cに変わっていくため，減少していく．

このように放射能物質が放射線を放出して減少し，その量が半分になる時期を半減期という．^{14}Cの半減期は5,730年である．年代はこの$^{14}C/^{12}C$の比率から求めることができる．^{14}Cによる年代測定は約4万年前まで応用される．それ以上古い年代の測定にはカリウム－アルゴン法とかウラン法などが用いられる．

安定同位体窒素：窒素（N）は陽子7個と中性子7個の^{14}Nが99.64％の大部分を占め，放射線を出さない安定同位体の^{15}Nが0.36％の割合で存在する．このように^{14}Nに比較して^{15}Nが極端に低いことから，^{15}Nを自然界における窒素の動きを見るのによく利用される．肥料研究では，窒素の化学的形態の違いで吸収率が異なるのか，または作物の吸収する窒素が土壌にもともと存在していた窒素から吸収したのか，あるいは肥料から吸収したのかなどを究明するのに利用される．

$\delta^{15}N$（デルタ^{15}N）：窒素の同位体である^{15}Nの自然存在比に対して，作物や食べ物でその比率がどのように変わるかが研究されている．大気中の^{15}Nの存在比（$\delta^{15}N$）を+0‰（パーミル＝1/10％）とし，これに対して^{15}Nの存在が大きいか，または小さいかを見る方法である（米山，2005）．これについても多くの研究報告があり，その一つに人の髪の毛の$\delta^{15}N$と，人種の特性について調べた興味ある報告がなされている．たとえば日本人はアメリカやヨーロッパに行って1年間も滞在すれば，その地方の人たちの$\delta^{15}N$と同じになる

といわれる．ところがインド人やパキスタン人は何年外国にいても民族特有の $\delta^{15}N$ のままであるという．その理由は彼らが自国の食べ物だけを頑固に食べるためという．

現在，DNA判別は個体識別の有力手段となっているが，この手法は産地の判別には利用できない．それに代って $\delta^{15}N$ 法は産地特定の有力手段になるかもしれない．

$\delta^{13}C$, $\delta^{18}O$：窒素と同様に炭素の同位体，酸素の同位体もさまざまな研究に用いられる．$\delta^{13}C$, $\delta^{18}O$ である．酸素には ^{16}O, ^{17}O, ^{18}O がある．^{16}O の自然存在比は99.76％であるが，重い酸素である ^{18}O の自然存在比は0.205％である．水は酸素と水素からなる分子であるが，雨量の多いときは軽い酸素の ^{16}O の割合が高まり，雨量の少ない時期は重い酸素である ^{18}O の割合が高まるという．これは軽い ^{16}O からできている水から蒸発するからである．このため鍾乳石など中の重い酸素の割合を調べることで歴史的な気候変動を明らかにすることができるという．

エジプトでは四千年から五千年前の国の存亡に関わる気候変動を鍾乳石中の $\delta^{18}O$ から明らかにされた．

放射性水素（^3H）が深層海流を明らかにした：深層海流はミネラルが豊富であることなどから，各地でその利用が始まっている．ノルウェーの西北にあるグリーンランド近くの東側で沈み込む海流はアメリカ大陸にそって南下し，アフリカ沖，インド洋，ニュージーランド近くの深い海溝を通って2,000年というゆっくりとした歳月をかけて，最後には北大平洋にたどり着くといわれる．これらの事実は海水のトリチウムの測定で明らかになった．

1950～1960年代はソ連とアメリカが競争するように核実験を繰り返していた．1970年代に入りこの核実験で放射性物質がどのように海洋を汚染しているかアメリカの海洋調査船によって調査された．ここで注目されたのが水素の同位体であるトリチウムである．トリチウムは原子核に陽子1個と中性子2個を持つ重い水素であるが，これは自然界には存在せず，原子炉や核実験によってできる放射性水素である．トリチウムは通常の海では数百メートルの深さまでしか存在しないが，ノルウエー沖の海では3,000メートル以上の深さまで沈

み込んでいることがわかった．

　ノルウエーの北緯 68 度に存在するロフォーテン諸島は北極圏にあるにもかかわらず，真冬でも気温零度前後で凍結しない海面と温暖な地帯として知られる．この地に温暖な気象を与えているのはメキシコ湾流の暖かい海流である．このメキシコ湾流が沈み込んでいたのがグリーンランド沖の氷原であった．水は冷えると密度を増し重くなる．さらにグリーンランド沖の海水は真水の分を結氷するため，塩分を海水に放出する．これによって，高い塩分濃度でさらに重い海水となる．このためグリーンランド沖では巨大な水の柱となって海水が海底 4,000 m 付近にまで沈み込み，秒速 10 cm というゆっくりとした流れとなってアメリカ大陸沿いに南下し，北太平洋まで流れていく．この深層海流はノルウエー沖のみでなく，地球の気象に大きな影響を与えていることがわかってきた．

　地球の歴史では，過去 10,000 年間温暖な気象が続いてきた．しかし氷河期の終了した 13,000 年前，多量の氷河が溶け海水の塩分が薄まったとき，海水の潜り込みが少なくなることで深層海流が弱まり，一時的に急激な寒冷期間が訪れた証処が残っているという．

　近年の地球温暖化は各地で氷河の消失を急速に促進し，海水の塩分濃度を下げている．そのため一部の専門家は温暖化による深層海流の変化によって地球の急速な低温化が起こるのではないかと警戒している．深層海流はミネラルなどの養分の輸送ばかりでなく，暖かい水を地球の広い範囲に拡げ，緯度の高い地帯の気候温暖化，あるいは熱が地球の一部に集中するのを回避する重要な働きをしているためである．深層海流はこの熱を地球全体に分散させるベルトコンベアの役割を果たしている．そのベルトコンベアのエネルギーは北極海や南極周辺の氷海とそこにたどり着く温暖流との温度差である．温度差がなくなるとエンジンは停止する．

4. 分　　子

　分子は原子 2 個以上の塊である：原子が同じ元素または他の元素と化学的に結合したものを分子という．空気中の酸素は酸素原子が 2 個結合した酸素分子として存在し，水は水素原子 2 個と酸素原子 1 個が化学結合した分子である．

次に例を示す．

	原子	分子
酸素	O + O	O_2
水素	H + H	H_2
水	2H + O	H_2O
二酸化炭素	C + 2O	CO_2

5. イオン

イオンとはプラスまたはマイナスに電荷を帯びた原子または分子である：原子も分子も陽子と電子の数の差が電荷となる．陽子が多いときはその数だけプラス，電子が多いときはマイナスとなる．

塩類などの中性物質が溶液で分離し，電気を帯びた原子または分子に別れることを解離という．イオンとはプラスまたはマイナスに荷電した原子または分子をいう．

原子または分子がこれらに含まれる1個以上の電子を失い，陽子数より少ない電子数になった場合はプラスに荷電する．このプラスに荷電した原子または分子を陽イオン（cation）という．また反対に1個以上の電子を得て原子または分子がそこに含まれる陽子数より電子数が多くなった場合にマイナスに荷電する．これらの原子または分子を陰イオン（anion）という．

食塩の塩化ナトリウムは乾燥したままナトリウムと塩素に分離することは困難であるが，水溶液中では簡単に解離する．同じく重曹で知られる炭酸水素ナトリウムもナトリウムイオンと炭酸水素イオンに解離する．

$$NaCl \rightarrow Na^+ + Cl^-$$
$$NaHCO_3 \rightarrow Na^+ + HCO_3^-$$

溶液中でプラスイオンとマイナスイオンは同じ量（数）が存在する．

6. 周 期 表

1) 周期表は化学の道しるべ

I 物質は何からできているか

　化学にとって周期表ほど重要な指針を示すものはない．最初，未知の元素の存在とその性質も言い当て，原子構造を解き明かす手がかりとなった周期表は 1869 年，当時ペテルブルグ大学の若き化学教授であったドミトリ・メンデレーエフによって発表された．彼は元素の性質は「**その原子量の周期関数である**」とし，元素の性質は 7 つの元素ごとに周期的に繰り返されることを発見した．メンデレーエフによって提案された周期表はその後改訂され，現在多く使用されている長周期に変わり，その後の化学と物理学に大きな影響を与えた．

　メンデレーエフが周期表を発表した当時なぜそのような周期性を持つか不明であったが，1913 年になって，イギリスのケンブリッジ大学キャベンデイッシュ研究所にいた H.G.S. モーズリーの X 線分光器による研究によって「**元素およびその化合物の性質は，元素の原子番号の周期関数である**」ことを明らかにした．メンデレーエフの天才的な直感によって導かれた周期表はモーズリーによって科学的に裏打ちされた周期表になった．

　残念なことにこの若き天才研究者は 1915 年，第一次世界大戦によって 28 歳の若さで生涯を閉じた．モーズリーの業績は原子番号と共に長く記念されよう（ヤッフェ 1972, モーズリーと周期律）．

　周期表はその後改良され，現在多く使われる長周期表が主流となっているが，元素の性質を見る場合に，最初に提案された短周期がわかりやすい．元素の周期表を省略して示す．

表 I–1　元素の周期表（短周期）

族 周期	IA	IIA	IIIB	IVB	VB	VIB	VIIB	VIII
1 (K殻)	H							He
2 (L殻)	Li	Be	B	C	N	O	F	Ne
3 (M殻)	Na	Mg	Al	Si	P	S	Cl	Ar
4 (N殻)	K	Ca	Ga	Ge	As	Se	Br	Kr
5 (O殻)	Rb	Sr	In	Sn	Sb	Te	I	Xe

2) 周期表の族は外殻の電子数と化学的性質を示すバロメータ

不活性元素のⅧ族：この周期表で，周期とはさきに示した電子殻である．周期1はK殻であり，電子が2個しか入らない．周期2はL殻で，電子は8個入る．以下，同様にパウリの禁制によって，電子の最大許容電子は増えていくが，周期1をのぞき，他の外殻は8個の電子が入ると一応安定する．このきわめて安定した状態にあるのが不活性ガスといわれるⅧ族（当初は0族として扱われた）のヘリウム（He），ネオン（Ne），アルゴン（Ar），クリプトン（Kr），キセノン（Xe）などである．これらの元素は最外殻電子軌道が安定する電子で満たされているため，電子の放出も外からの電子の受け入れもせず，自己完結をしているグループである．

活発なⅠ族とⅦ族：これに対してⅧ族よりそれぞれ原子番号が1ずつ多くなるⅠA族はさらに外側の電子軌道をもうけ，この外殻に1個の電子を配するが，不安定な状態にある．そこで安定化するために一番簡単なのはこの電子を放出してしまうことである．しかしこれでは陽子とのバランスがとれず，電子（マイナス）を失った元素はプラスにイオン化する．

反対にⅦ族はハロゲン族といわれる活性の高い元素群である．外殻の電子が7個で，安定した状態には1個不足する．そこで他の元素と結合して電子1個を他から奪う状態になりやすい．たとえばナトリウムは電子を1個放出したいのに対し，塩素は電子を欲しがる．それでできるのが塩化ナトリウム（食塩）である．

さまざまな化合物を作る4本手のⅣ族：次にⅡ族は外殻電子軌道に2個の電子，Ⅲ族は3個の電子を持ち，化学反応ではこれらを放出し，それぞれ2価，3価の陽イオンになりやすい．Ⅳ族は外殻に4個の電子を持つため，他に与えることも受け入れることもできる．そのため存在量の多い炭素は多くの種類の化合物を作る．炭素化合物を扱う化学を有機化学として特別に扱うのはそのためである．

結合に関わる手（電子数）が多いほど結合力は強い：化学反応は原子の最外殻の電子の受け渡しで行われる．そのため活発な化学反応をする元素の化合物

は溶液中で解離（離れてイオン化する）しやすい．元素のイオン化を支配する要因は最外殻の電子の数とこの電子を捕らえている力である．電子の出し入れは電子の数の少ない方が活発であるため，I族かVII族が最も活発なのはそのためである．一方，同じ族では，重い元素ほど電子を放し難い．そのため，軽い元素ほどイオン化しやすい．

たとえばIA族のアルカリ金属であるナトリウム，カリウムの単体は化学反応性が高く，不活性の気体か油の中に保存しなくてはならない．これに対してどの周期の元素もIV族に近いほど化学反応性は穏やかになり，このイオン結合に関わる電子数が多くなるため，化合物の結合力は強くなる．

3) 化学反応

酸化還元反応の場合：化学反応は電子のやりとりである．いくつかの化学反応の事例を示す．Mを金属とすると次のようになる．

a. I族のアルカリ金属は酸素1個に2個結合し酸化物を作る M_2O
b. II族のアルカリ土類金属は酸素1個と1個結合し酸化物を作る MO
　＊M＝金属，O＝酸素
c. アルカリ金属とアルカリ土類金属の酸化物が水（H_2O）と反応すると，強いアルカリの金属の水酸化物を作る $M(OH)_n$
　　1価のアルカリ金属：$M_2O + H_2O = 2MOH$，例 $Na_2O + H_2O = 2NaOH$
　　2価のアルカリ土類金属：$MO + H_2O = M(OH)_2$
　　　　　　　　　　　　例 $MgO + H_2O = Mg(OH)_2$

d. 非金属元素のIIIB，IVB，VB，VIB，VIIBの酸化物は H_2O，H_2O_2 と反応すると酸となる

$$CO_2 + H_2O = H_2CO_3$$
炭酸

$$2NO_2 + H_2O_2 = 2HNO_3,$$
硝酸

$$SO_2 + H_2O_2 = H_2SO_4$$
硫酸

e. アルカリと酸が反応すると塩（えん）ができる

$$2\text{NaOH} + \text{H}_2\text{CO}_3 \rightarrow \text{Na}_2\text{CO}_3$$
　　水酸化ナトリウム　　炭酸　　炭酸ナトリウム

$$\text{Mg(OH)}_2 + \text{H}_2\text{SO}_4 \rightarrow \text{MgSO}_4 + 2\text{H}_2\text{O}$$
　　水酸化マグネシウム　　硫酸　　硫酸マグネシウム

f. ⅦBのハロゲン族は直接水素と結合し，強い酸を作る

　　　　HF,　　　　　　HCl,　　　　　　HBr
　　フッ化水素（フッ酸），　塩化水素（塩酸），　臭化水素

g. ハロゲン化水素もまた水酸化物と反応して塩を作る MXn

　　　　KOH + HCl = KCl
　　水酸化カリウム　塩酸　塩化カリウム

h．強いアルカリ，酸とそれらの塩は水中で容易に解離し，プラスまたはマイナスのイオンとなる

　　$\text{KOH} = \text{K}^+ + \text{OH}^-$

　　$\text{HCl} = \text{H}^+ + \text{Cl}^-$

　　$\text{NaNO}_3 = \text{Na}^+ + \text{NO}_3^-$

i. 酸もアルカリも解離しやすいほど強い酸あるいはアルカリである

　（酸）

　　$\text{HNO}_3 = \text{H}^+ + \text{NO}_3^-$　　完全に解離する（強い酸）

　　$\text{H}_2\text{SO}_4 = \text{H}^+ + \text{HSO}_4^-$　　一部は解離しない（強くない）

　　$\text{CH}_3\text{COOH} = \text{CH}_3\text{COO}^- + \text{H}^+$　一定の酸濃度（pH）以下では解離しない
　　　　　　　　　　　　　　　　（緩衝力がある＝pHの変動がない）

　（アルカリ）

　　$\text{NaOH} = \text{Na}^+ + \text{OH}^-$　　完全に解離する（強いアルカリ）

　　$\text{Ca(OH)}_2 = \text{Ca}^{2+} + 2\text{OH}^-$　　一部しか解離しない（弱いアルカリ）

j. 強酸，強アルカリからできた塩は溶けやすく，弱酸，弱アルカリからできた塩は溶けにくい

　　硝酸塩は例外なく溶けやすい．

　　塩化物塩は溶けやすいが例外も存在する：塩化銀（AgCl）．

　　硫酸塩はおおむね溶けるが溶けない物も存在する：硫酸カルシウム
　　　（CaSO_4），硫酸バリウム（BaSO_4），硫酸鉛（PbSO_4）．

　　炭酸塩は多くが難溶性化合物．

リン酸塩はほとんどが難溶性化合物．

　強酸，強アルカリは水素イオンまたは水酸化物イオンを放出しやすいことが条件となる．水素イオンも水酸化物イオンも何かに結合しているときは酸でもアルカリでもない．そのため，結合力が弱く，すぐ解離してイオン化することが強酸または強アルカリとして必要である．

7. 無機化合物の命名法

　日本語の化合物の呼び方は後の原子または原子団から読み，英語読みは頭から読む：

NaOH　水酸化ナトリウム　sodium hydroxide（OH^-と結合した化合物を水酸化物という）．

$NaHCO_3$　炭酸水素ナトリウム（「重曹」＝重炭酸ソーダーが語源）sodium bicarbonate.

HF　フッ化水素　hydrogen fluoride.

HCl　塩化水素，塩酸　hydrochloric acid.

$CaCO_3$　炭酸カルシウム　calcium carbonate

H_2S　硫化水素 hydrogen sulfide（S^{2-}と結合した化合物を硫化物という．例：FeS 硫化鉄 iron sulfide）

K_2SO_4　硫酸カリウム　potassium sulfate.

II 化学のための記号と計算法

1. 記　号

1) ギリシャ文字

ギリシャ文字は自然科学でいろいろな単位として用いられる．その読み方と使用例を示す．

大文字	小文字	ローマ綴り（日本式読み方）	大文字	小文字	ローマ綴り（日本式読み方）
A	α	Alpha（アルファ）	N	ν	Ny（ニュー）
B	β	Beta（ベータ）	Ξ	ξ	Xi（クシー）
Γ	γ	Gamma（ガンマ）	O	o	Omicron（オミクロン）
Δ	δ	Delta（デルタ）	Π	π	Pi（パイ）
E	ε	Epsilon（イプシロン）	P	ρ	Rho（ロー）
Z	ζ	Dzeta（ゼータ）	Σ	σ	Sigma（シグマ）
H	η	Eta（エータ）	T	τ	Tau（タウ）
Θ	θ	Theta（シータ）	Y	υ	Ypsilon（ウプシロン）
I	ι	Iota（イオータ）	Φ	ϕ	Phi（ファイ）
K	κ	Kappa（カッパ）	X	χ	Khi（カイ）
Λ	λ	Lambda（ラムダ）	Ψ	ψ	Psi（プサイ）
M	μ	My（ミュー）	Ω	ω	Omega（オメガ）

ギリシャ文字と化学： α 線， β 線， γ 線；写真乾板を感光させる天然の放射性物質が出す3種の線である．それぞれ α 粒子（ヘリウムの原子核）は正の電荷を持つ重い粒子で，ラザフォードによって明らかにされた． β 線は高速の電子であり， γ 線は原子核の γ 崩壊の際に放出される光子（ γ 線）である．

$δ^{15}N$；自然界の大部分の窒素 N は陽子数と同数の中性子を持つ ^{14}N であるが，一部の窒素は中性子が 1 個多い安定同位体である ^{15}N が存在する．窒素はタンパク質の中心元素であるが，タンパク質中の $^{15}N:^{14}N$ の比は食物によって異なるため，摂取食物によって人の髪の $^{15}N/^{14}N$ 比を大気 N_2 の自然存在比 $δ^{15}N$（+0‰）と比較してパーミルで表現するのが「$δ^{15}N$」である．自然存在比より高い場合は（$+x$‰），低い場合は（$-x$‰）となる．

　　$μ$：SI 単位の接頭語に使われ，10^{-6} を意味する．

　　$ϕ$：円の直径を意味する．

2）SI 単位の接頭語

SI 単位とは：SI 単位とは国際単位系 {SI} で，四つの基本単位：m, kg, s, A の前に接頭語をつけて各種単位を表す．m の前に m を付けることで mm（ミリメーター）となり，M を付ければ Mg（メガグラム）となり，トン（t）と同じである．科学の分野ではほとんど（t）は使わず，Mg が主流である．

　面積当たりの重さでは，ヘクタール（ヘクトは 100 を意味し，ヘクタールは 100 a と同じである（100×100 m = 10,000 m² である）で，ヘクタール当たり kg は，kg ha^{-1} となる．1 ヘクタール当たり 2 t は 2 Mg ha^{-1} となり，20 kg a^{-1} と同じである．

　　2 Mg ha^{-1} = 20 kg a^{-1}

　一方，1 m² 当たりの g は，g m^{-2} となる．m は面積でなく，長さの単位なので，面積の単位とするためである．

接頭語の面積と重さに対する応用：接頭語を実際の問題に応用してみよう．われわれの重要な食料の生産量や栽培面積の単位はヘクタール（ha）とトン（t）である．これを小さい部分から適用してみる．

コメ（水稲）：水稲の 1 本の穂には普通 50～70 粒の米粒がつく．成熟した米粒が平均 50 粒としよう．玄米の千粒重は 19～23 g の範囲にある．1 穂の米粒が 50 粒で千粒重 20 g では 1 穂当たりの米粒は 1 g である．1 m² 当たりの穂数は 600～700 本である．600 本とすると 1 m² 当たりの収量は 600 g である．

　アール（a）は 100 m² である．ヘクタール（ha）はアールの百倍であり，

$10,000 m^2$ である．したがって，ha 当たりの収量は
　　$600 g × 10,000 = 6,000,000 g = 6,000 kg = 6 t = 6 Mg$
となる．

　日本国内の1年間の米の生産量は800万トンである．人口は1億2千7百万人である．1人が1年間に食べる米の重量は63 kg である．

世界のコメ，コムギの生産：コメの ha 当たり収量は2～6 Mg（メガグラム＝t）であり，日本，韓国，イタリアなどの国では単位面積当たりの生産量は高く，灌漑施設の完備していない地帯では低い．世界のコメの生産量は1年間5億トン前後であるから，60億人の人口とすると，1人当たり 83 kg となる．コムギの生産もおおむねこれに近い値である．

地球の面積：国土や地球の面積はいくら大きくても km^2 で表示される．その代わり指数併用である．$1 km^2$ は1ha の百倍の単位である．地球の面積は
　　地球面積 $= 509.95 × 10^6 km^2$
である．陸地：海洋の比は 1：2.42 である．

重さの単位：
　$1 g = 1,000 mg = 1,000,000 \mu g = 1,000,000,000 ng$
　$1,000 g = 1 kg,\ 1,000 kg = 1 Mg,\ 1,000 Mg$（メガグラム）$= 1 Gg$（ギガグラム）

表Ⅱ-1　SI 単位の接頭語（国際単位系［SI］四つの基本単位：m, g, s, A）

名称	記号	大きさ	名称	記号	大きさ
ヨタ	Y	10^{24}	デシ	d	10^{-1}
ゼタ	Z	10^{21}	センチ	c	10^{-2}
エクサ	E	10^{18}	ミリ	m	10^{-3}
ペタ	P	10^{15}	マイクロ	μ	10^{-6}
テラ	T	10^{12}	ナノ	n	10^{-9}
ギガ	G	10^{9}	ピコ	p	10^{-12}
メガ	M	10^{6}	フェムト	f	10^{-15}
キロ	k	10^{3}	アト	a	10^{-18}
ヘクト	h	10^{2}	ゼプト	z	10^{-21}
デカ	da	10	ヨクト	y	10^{-24}

2. 指 数 計 算

化学では桁数が大きく異なる物質を扱うことが多い．その場合，整数（例 …−2，−1，0，1，2，3など）だけでは効率が悪い．そこで指数（a^{-2}, a^2, a^6…），または10を底とした常用対数を用いる．まず，順をおって説明したい．

1) 指数の累乗（べき）

「累」とは「かさねる」という意味があり，累乗とは同じ数や文字を何回か掛け合わせることをいう．$10 \times 10 \times 10 = 10^3$であり，$10 \times 10 \times 10 \times 10 \times 10 \times \cdots \times n10$ は 10 を n 回掛けたことを表し，10^n として表す．この右肩の n を指数という．これを「べき」（冪，巾）ともいう．

$$a^n = a \times a \times a \times a \times a \times \cdots \times a \quad (n\text{個})$$

[例]
$$10^4 = 10 \times 10 \times 10 \times 10 = 10{,}000$$

2) 指数の掛け算と割り算

ここで簡単に指数の性質を示す．たとえば同じ数の掛け算をみると，

$$(a \times a) \times (a \times a \times a) = a^2 \times a^3 = a^{2+3} = a^5$$

となり，a^{2+3} と a^5 は同じであることがわかる．これを一般化すると次の式で示すことができる．すなわち，指数を持つ数の掛け算はその指数の足し算で処理できる．

$$x^a \times x^b = x^{a+b}$$

[例]
$$10^2 \times 10^3 = 10^{2+3} = 10^5$$

一方，指数の割り算は掛け算の反対となり，指数の引き算で求める．次式は

$$(x \times x \times x \times x \times x) \div (x \times x \times x) = x^5 / x^3 = x^{5-3} = x^2$$

となる．x を5としたとき，

$$5^5 \div 5^3 = 5^{5-3} = 5^2 = 5 \times 5 = 25$$

であり，x が10のとき，

$$10^2 = 10 \times 10 = 100$$

である．
具体的な例を示すと次の方法でも同じ結果が得られる．

$$\frac{a^5}{a^3} = \frac{a \times a \times a \times a \times a}{a \times a \times a} = \frac{a \times a}{} = a^{5-3} = a^2$$

となり，分母の a を分子の a を同じだけ消し去り，

$$= a \times a = a^2$$

となる．分母の数の方が多い場合は

$$\frac{a^3}{a^5} = \frac{a \times a \times a}{a \times a \times a \times a \times a} = a^{3-5} = a^{-2}$$

となり，同じく分母の a を分子の a と同数だけ消し去ると，残った分母の a はマイナスとなる．

3) 数の1乗と0乗

どの数の1乗もその数と等しい．また，どの数の0乗も1となる．

$$2^1 = 2, \quad 10^1 = 10, \quad x^1 = x, \quad 2^0 = 1, \quad 10^0 = 1, \quad x^0 = 1$$
$$10^5 \div 10^5 = 10^5/10^5 = 10^{5-5} = 10^0 = 1$$

割る数と割られる数が同じ場合，どのような数字であっても答えは1となり，これは整数でも同じである．この場合，指数を持つ数は同じ指数の引き算になるので，指数はゼロとなる．

4) 指 数 法 則

指数法則を整理すると

(1) $a^m \times a^n = a^{m+n}$
(2) $(a^m)^n = a^{m \times n} = a^{n \times m} = (a^n)^m$
(3) $a^0 = 1, \quad 1/a^r = a^{-r}, \quad a^m/a^n = a^{m-n}$
(4) $a^{1/n} = \sqrt[n]{a}, \quad a^{m/n} = \sqrt[n]{a^m} = (\sqrt[n]{a})^m$

[例]

(1) $10^3 \times 10^2 = 10^{3+2} = 10^5$
(2) $(10^3)^2 = 10^{3 \times 2} = 10^6 = (10^2)^3$
(3) $10^0 = 1, \quad 1/10^5 = 10^{-5}, \quad 10^3/10^2 = 10^{3-2} = 10^1 = 10$

(4) $10^{1/2} = \sqrt{10}$, $10^{3/2} = \sqrt{10^3} = (\sqrt{10})^3$
となる．

5) 対　　数

対数の計算：10を底とした常用対数を用いる．対数はべき指数の別な表現法なので，指数の性質と似た所がある．したがって，10の指数計算であり，10を底とするので，通常底を省略して用いる．

Xが10の指数（べき指数）のとき，
$$y = 10^x$$
と書く．これは「xは10を底とするyの対数」と読む．logは対数（logarithm）の略である．
$$x = \log_{10} y$$
となる．たとえば$x=2$, $y=100$とする．10^2は100なので$\log_{10} 100$は2である．化学は桁数の大きい計算をするので，対数の計算の使用は便利である．

対数の性質は次のとおりである．

$\log xy = \log x + \log y$　　　　$\log 2 \times 3 = \log 2 + \log 3$

$\log x/y = \log x - \log y$　　　　$\log 2/3 = \log 2 - \log 3$

$\log x^y = y \cdot \log x$　　　　$\log 2^3 = 3 \log 2$

$\log 1/x = \log x^{-1} = -\log x$　　　$\log 1/2 = \log 2^{-1} = -\log 2$

$\log 1 = 0$　　$10^0 = 1$

[例]

4を底とした対数では，$4^2 = 16$であり，$\log_4 16 = 2$となる．
$4^3 = 64$では，$\log_4 64 = 3$となる．
$$16 \times 64 = 4^2 \times 4^3 = 4^{2+3} = 4^5 = 1,024$$
となり，ずいぶん大きな数値となる．これを対数で計算をすると
$$\log_4 (16 \times 64) = \log_4 16 + \log_4 64 = 2 + 3 = 5, \quad 4^5 = 1,024$$

pスケール：対数ではよく用いる表示法の1つに"pスケール"がある．普通$-\log_{10} y$を表す．これには次の用例がある．pH, pKsp, pFなどである．例えば水素イオン濃度（正確には活量）をモル濃度で表す．[H$^+$]が$10^{-5}M$のとき，これはpH5となる．また，[H+]が$10^{-2.5}M$とすると，pH=2.5となる．ここでHは水素イオンを意味している．

3. モル (mol) とモル濃度 (M) の計算法

1) アボガドロ数を基準とした mol (量) と M (濃度)
a. 原子または分子が 6.023×10^{23} 個が存在するとき,1モル (mol) という.
b. 6.023×10^{23} をアボガドロ数という.
c. 原子または分子が原子量または分子量のグラム重量のとき,その原子または分子の数はアボガドロ数と一致する.
d. 溶液中の溶質(溶けている物質=原子または分子)の物質量 (mol) を溶媒(溶液)の質量*で割った値を質量モル濃度 ($mol\ kg^{-1}$) という.
e. 溶液1Lに含まれる溶質の量 (mol) をモル濃度といい,$mol\ L^{-1}$ で表す.モル濃度と質量モル濃度はほとんど同じである.記号Mで表す.

原子は元素の種類によって1個の重さが極端に異なる.それでもどの元素でもmolの定義に合う共通の数値がある.それは原子量である.原子量にgを付けたグラム原子**はその元素の1molである.すなわち,ナトリウムの原子量は22.990であり,Naの22.990 g は1molであり,鉄の原子量は55.849であるが,Feの55.847 g は1molである.以下,どの元素も同じようにmol数を求めることができる.

分子の場合は分子量にgを付けたグラム分子**が1molとなる.水の1molは原子量1.008の水素原子2個と原子量15.999の酸素1個からなるので,$1.008 \times 2 = 2.016 + 15.999 = 18.015$ g が1molである.すなわち,水の1molは2molの水素と1molの酸素からできている.

[例]

硫酸マグネシウムのグラム分子の求め方

マグネシウム	Mg	$24.3 \times 1 = 24.3$
イオウ	S	$32.1 \times 1 = 32.1$
酸素	4O	$16.0 \times 4 = 64.0$
合計		120.4

---

* 質量=キログラム原器の重さと比較して定義された重量をいう.重力は緯度で異なる.
** アボガドロ数のイオン,原子,分子の量を1グラムイオン,1グラム原子,1グラム分子という.

以上の結果，$MgSO_4$ の分子量は 120.4 であり，1mol は 120.4 g である．これをグラム分子（gram molecule）という．この場合，マグネシウムのみで見ると，24.3 g がグラム原子である．硫酸マグネシウムを水に溶かすと Mg^{2+} と SO_4^{2-} に解離する．しかしモルにはこの解離したときのイオンが1価でも2価でもよく，電荷と関係がない．化学に用いる主要な単位は mol または M である．

気を付けなくてはならないのは，多くの塩類では結晶水を持っているのが多い．硫酸マグネシウムの場合，7分子の水を持ち，その場合の 1mol は 120.4 g ではなく，246.5 g である．市販の標準濃度の試薬でも，この結晶水を間違って計算し，作成された試薬があるから，十分注意する必要がある．

2） 気体の比重の求め方

どのような気体でも 1mol は標準状態（1 気圧，25 ℃）で約 22.4 Lの体積となる：水は重く，1 L が 1 kg もあるのに水を含んだ雲はなぜ高いところにあるのだろうか？　それは液体あるいは固体と気体の場合の比重が違うからである．

図Ⅱ-3に水の液体と気体でどの程度体積が変わるか示した．水の液体は4℃で1気圧の場合，1 ml は 1 g である．しかし気体では 1 g の水が 1,244 ml の体積になる．実に 1,000 倍以上の体積である．1mol の気体は 22.4 L になることが明らかにされている．つまり，水（H_2O）1mol の重さは 18 g であり，液体の場合は 18 ml にすぎないが，水蒸気である気体ではこれが 22.4 L にも体積が増大する．

液体の場合の 1,200 倍以上にも体積が増え，そのために軽くなって地上高く水蒸気は上がる．目に見える雲はこれが冷えて微小な水滴になった状態である．

なぜこのように気体で変化するのか．それは気体の場合，どのような気体でも 1mol は 22.4 L になるためである．表Ⅱ-2にはそれぞれの気体のグラム分子と，空気の比重を1とした場合の比重を示した．

4．イオン反応とラジカル反応の違い

イオン反応では化学結合の分裂と生成において，結合にあずかる電子が，どちらか一方にだけ存在する．そのため一方が陽イオンとなり，もう一方が陰イ

表Ⅱ-2　S各種ガスの分子量と空気に対する比重

種　類	分子量（原子量）	存在量（％）	空気1に対する比重
酸素O_2	32.00	20.93	1.1
窒素N_2	28.01	78.10	0.97
アルゴンAr	39.95	0.93	1.38
二酸化炭素CO_2	44.00	0.04	1.52
空気	28.94	100.00	1

オンになる．

　ラジカル反応では，化学結合の分裂と生成において，電子は結合に関与する2つの原子に均等に分配される．そのため，電気的に中性な2つの遊離基（ラジカル）になる．ラジカルとは1個の対象を持たない（不対）電子を持つ原子または原子団である（図Ⅱ-1）．

　不対電子が2個の化学種はビラジカルという．酸素分子はビラジカルを作りやすい．不対電子を持つ原子または原子団は不安定となる

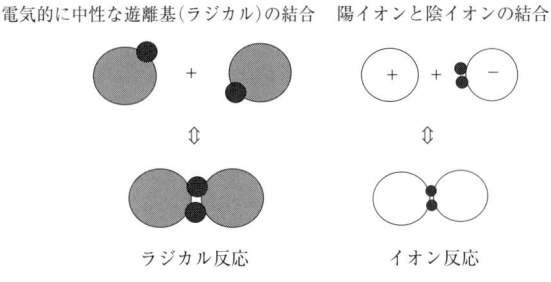

図Ⅱ-1　ラジカル反応とイオン反応の違い

5.　物質の三態

　水は酸素1個に水素2個付いた分子である．水には固体，液体，気体の三態があることはよく知られている．これらの変化は温度によるが，1気圧の場合0℃以下で固体に，100℃以上で気体となる．液体は0℃以上で100℃以下の

範囲で，大気と接する場合一部は気体としても存在する．しかし，この変換は気圧条件で変化する．図Ⅱ-2には三態の変化と気圧，温度の関係を示した．気圧が低い条件では固体化は0℃以上となり，気圧の高い条件では0℃以下で氷結する．気圧が低く低温では固体から直接気体になる．このことを昇華という．

　水分子はそれぞれの酸素1個と104.5°の角度で水素2個にはさまれてできているが，固体になるときは他の水分子に対して勝手に並ぶのではなく，酸素は他の水分子の酸素とは最も遠い位置に，水素は水素で他の分子の水素より最も遠いところに位置し，三次元の規則的な配列をとる．その結果水分子の連鎖が互いに立体的になり，空間に隙間ができるので体積は増える（図Ⅱ-2）．水素が1個しか見えない水分子は裏側にもう1個存在する．雪の結晶が六角形となるのはそのためである．

　このように分子が結晶化するとき，お互いプラスの原子はマイナスに，マイナスの原子はプラスの原子側に配置される．これは他の分子でも同じである．

　固体の水分子は定位置に固定され，エネルギーは最も低い．液体は分子間に定位置を持たないが，せまい範囲を動きまわる．水蒸気は気体であるので，自由に飛びまわり，最もエネルギーが高い．また，体積が著しく大きくなり，多くの気体物質と同じように，1molである水18gは22.4Lの堆積となる．

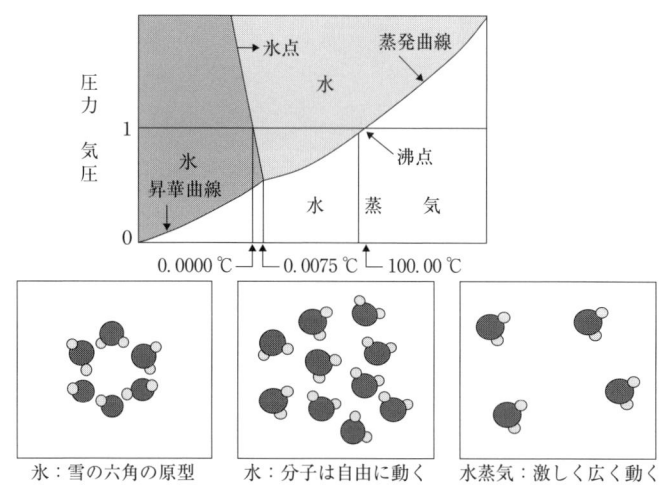

図Ⅱ-2　水の三態　圧力と温度による水の変化

図Ⅱ-3 水の液体と気体の関係
水（H_2O）1molは18g（18ml）であるが，気体である水蒸気では22.4Lとなる．このため，空気よりも軽く上空に上がり，冷えると水滴となって地上に落下してくる

水のように温度や圧力の条件で形態の変わるのは他の物質でも同じである．代表的な金属としては水銀がある．変化する温度条件は異なるが鉄もまた同じである．

6. 規定濃度

溶液1L中に溶質が1グラム当量含まれるとき，この濃度を1規定（1N）とする．ただし，実用的には便利だが現在教科書では使用されていない．

当量：原子，原子団のグラム数をその電荷で割った値を当量（化学当量）という．H，Na，Kは1価なので，原子量そのものであるが，Mg，Caは2価をとるので原子量の1/2が当量となる．

規定濃度（normality）：化学実験で，陽イオンと陰イオンを当量にする，あるいは中和することは日常的な作業である．溶液1Lに1グラム当量の溶質（溶け込む物質）を含むときこれを1規定（1N）の濃度という．規定濃度は中和反応，酸，アルカリ溶液，酸化剤，還元剤の濃度の表示に便利である．なぜなら，M表示の場合，アルカリの水酸化ナトリウムの1Mは1N，塩酸1Mは1Nであり，1Mの塩酸1Lを中和するのに1Nの水酸化ナトリウム1Lでよい．しかし硫酸1Mは2Nであって，1Mの硫酸1Lを中和するのに1Mの水酸化ナトリウムを2L必要とする．

7. ppm, ppb, ppt

ppm（part per million）: 1/1,000,000 の意味　百万分の 1
ppb（part per billion）: 1/1,000,000,000 の意味　10 億分の 1
　一方，環境問題や一般には物質の濃度を ppm（百万分の 1），ppb（十億分の 1），ppt（1 兆分の 1）で表示するが，化学の分野ではこの単位を使わず，ppm＝mg kg^{-1}, mg L^{-1} を使う．mg L^{-1} は 1 L 当たりのミリグラムの意味である．

ppm: mg kg^{-1}, μg g^{-1} もいずれも ppm である．mg kg^{-1} は mg/kg のことである．m は 10^{-3} であり，k は 10^3 であるので $10^{-3}/10^3＝10^{-6}$ となり，いずれも百万分の 1 である．mg L^{-1} も水 1 L は約 1 kg であることから近似的には同じに扱われる．公式の科学論文では SI 接頭語の普及から ppm より，mg kg^{-1} を用いる．

ppb: μg kg^{-1}, ng g^{-1} と同じである．mg kg^{-1} より千分の 1 の小さな値である．これも ppm と同じようにあまり使用されなくなったが，新聞などの一般的な記事には用いられる．

ppt: 1 兆分の 1 を表す part per trillion の略である．ng kg^{-1} と同じである．最近は分析技術が向上して，このような低濃度の定量も可能になり，まれに用いられるときがある．

8. 溶解度積の原理

　難溶性の化合物から溶出するプラスとマイナスイオンの積は常に一定である．

1) イオン積（水の溶解度積）

　無機化合物を構成するイオンはその積が一定になる特性がある．たとえば水（H_2O）は

$$H_2O = H^+ + OH^-$$

からなり，そのイオンの積は

$$[\mathrm{H}^+] \times [\mathrm{OH}^-] = 10^{-14} \tag{1}$$

となる．もし [H^+] が 10^{-4}M の場合 [OH^-] の濃度は

$$\mathrm{OH}^- = 10^{-14}/10^{-4} = 10^{-10}\mathrm{M} \tag{2}$$

となる．ここで (1) 式の 10^{-14} を $\mathrm{H_2O}$ のイオン積という．ここでイオン積は定数である．すなわち，溶け出すイオンの積は一定であり，一方が増加すれば相手のイオンの濃度は減少することを示している．

2) 難溶性化合物の溶解度積

次に一般に難溶性化合物として知られる物質でみて見よう．レントゲンでおなじみの硫酸バリウムは溶けにくい物質で，その溶解度積（Ksp）はきわめて小さい．「K」は一定を意味し，「sp」は溶解度積を意味する．溶解度積からどの程度溶けるかを求めることができる．硫酸バリウムの溶解度積は

$$[\mathrm{Ba}^{2+}] \times [\mathrm{SO_4}^{2-}] = 1 \times 10^{-10} \tag{3}$$

である．したがって純粋の硫酸バリウムを水に溶かしたときに溶け出す [Ba^{2+}] または [$\mathrm{SO_4}^{2-}$] の濃度は溶解度積の平方根である．すなわち

$$\sqrt{10^{-10}} = 10^{-5} \tag{4}$$

となる．10^{-5} は 0.00001 M である．[Ba] の 0.00001 M は Ba の原子量 137.34 であるので，

$$137.34 \times 0.00001\ \mathrm{M} = 0.00137\ \mathrm{g\ L^{-1}} = 1.37\ \mathrm{mg\ L^{-1}} \tag{5}$$

となる．すなわち 1.37ppm の Ba^{2+} となる．

3) 共通イオン効果

それでは溶液にはじめからどちらかのイオンが存在していたときはどうなるのであろうか．たとえば最初から [$\mathrm{SO_4}^{2-}$] が 10^{-3}M 存在したとすると，バリウムイオンの濃度は硫酸バリウムの溶解度積を硫酸イオン濃度のモル数で割れば求められる．

$$[\mathrm{Ba}^{2+}] = 10^{-10} \div 10^{-3} = 10^{-10-(-3)} = 10^{-10+3} = 10^{-7}\ \mathrm{M} \tag{6}$$

となり，[$\mathrm{SO_4}^{2-}$] が 10^{-3}M のとき，[Ba^{2+}] の濃度は 10^{-7}M であり，Ba^{2+} は $0.0137\ \mathrm{mg\ L^{-1}}$ となる．

硫酸イオンが 100 倍に増加した分バリウムイオンの濃度は減少し，硫酸バリ

ウムのみを溶かしたときの1/100にまで低下する．このように他から入ってきたイオンが溶解度に影響することを**共通イオン効果**という．「共通イオン効果」の応用は目的とするイオンを痕跡程度まで低下させることが可能であることを示している．

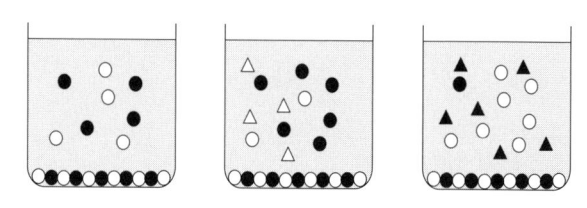

白でも黒でも溶液の定数は同じ

溶解度積の考え方　●：プラスイオン　　○：マイナスイオン
　　　　　　　　　▲：他のプラスイオン　△：他のマイナスイオン

図Ⅱ-4　物質がプラスとマイナスからなり，その一部が溶けているとき，溶液に溶けるプラスイオンとマイナスイオンのかけた値は常に一定である

9. 主要な用語

以上述べた以外にも化学では様々な用語が用いられる．使用頻度の多い用語，または最近話題となっている用語を幾つか記す．

1）化学用語

拮抗作用：生物に各種の元素や成分が吸収されるとき，似たような元素や成分同士が競合し，お互い吸収を抑制し合うことをいう．植物では銅と鉄，あるいはカリウムとマグネシウムなどである．イタイイタイ病におけるカルシウムとカドミウムの関係も同じように考えられている．

相乗効果：ある要素の吸収が他の要素の存在によって促進されることをいう．植物の窒素とマグネシウムなどもその傾向がある．

表面張力：アメンボはなぜ水の上でも沈まないのだろうか．それは水の表面張力が強いからである．液体はすべて表面をできるだけ小さくしようとする傾

向がある．外からの力が無視できるときはほぼ球形になる．これは液体の分子同士の引力によるものである．アルミニウムは比重が2.7で水より重いが，一円玉を静かに水面上に置くと浮かすことができる．アメンボが水の上を走り回るのと同じ原理である．実験室ではアルコールや硝酸をよく使う所もあるが，これらは表面張力が弱く，飛び散る性質がある．使用には充分注意がいる．

表面活性：液体に物質が溶けるとその溶液の表面張力を著しく低下させる．このような作用を表面活性という．アルコール，エーテル，石けんなどは表面張力を低下させる表面活性剤である．表面活性剤は洗剤，乳化剤（油と水を混ぜるように），分散，気泡性など用途がきわめて広く，多くの合成物質がある．

C/N 比：有機物中の炭素（C）と窒素（N）の比率をいう．植物体などの有機物のC/N比がほぼ35以上では通常分解が困難になり，農地などでこのような有機物を施用した場合は，有機物の分解に本来作物が利用するための窒素を分解菌が土壌から奪うため，作物に窒素欠乏が発生する．

無機窒素の有機化：土壌中にあるアンモニウムイオンや硝酸イオンなどの無機態の窒素化合物がC/N比の高い有機物（微生物の栄養になる炭素化合物）が高いと，微生物が増える．タンパク質などの微生物体を作るのには窒素が必要だが，この不足分を無機態の窒素を利用するため，一時的に作物に窒素飢餓が発生する．この無機態窒素が微生物に吸収利用されることを無機窒素の有機化という．

プリオン：タンパク性感染性粒子の略である．もともと宿主が持っている正常なプリオンが長時間かけて異常型のプリオンに変わるといわれる．この異常型のプリオンが狂牛病やヒツジのスクレーピーの原因であるとされる．正常プリオンは水溶性タンパク質であるが，異常タンパク質は水に溶けにくく，互いに固まって脳にたまり発病の原因となる．各関係研究機関で精力的な研究がなされている現在解明中の物質である．

ヘモシアニン：赤血球のヘモグロビンのようにヘムタンパク質の中心部が

Feでなく，Cuが配位している．節足動物（エビ，ザリガニ）や軟体動物（タコ，イカ，カタツムリ）の血液に含まれる．ヘモグロビンのようにO_2を可逆的に結合する．

キレート化合物：キレートとはギリシャ語のカニのハサミに由来している．図II-5のように金属イオンをカニのハサミではさんだように金属原子をはさんでいる．金属をはさむキレート剤が親水性ならこの化合物はよく水に溶けるし，親油性なら有機溶媒によく溶ける．有機溶媒に溶けるキレート化合物はこれだけを取り出し，水溶液に溶けているさまざまな共存イオンから分離できる．また，濃度の低いときはこの原理を用いて内容物を濃縮できる．

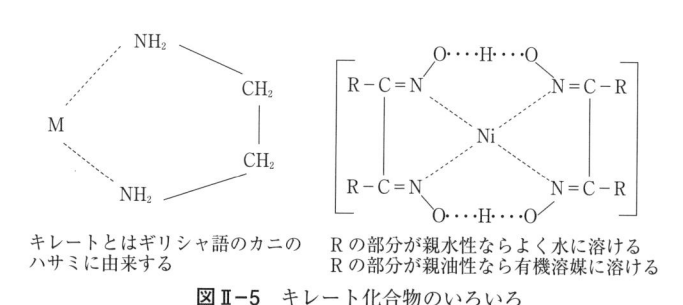

キレートとはギリシャ語のカニの
ハサミに由来する

Rの部分が親水性ならよく水に溶ける
Rの部分が親油性なら有機溶媒に溶ける

図II-5　キレート化合物のいろいろ

2) 環境問題

イタイイタイ病：富山県神通川流域で発生したカドミウム汚染によって，食べ物や水を通じて体内に取り込まれたカドミウムは骨のカルシウムと入れ替わり，もろい骨となる．そのため，体内に骨折が生じる．骨折のためイタイイタイと苦しみあるいは亡くなっていく悲惨な公害病である．大気汚染による四日市ぜん息，有機水銀中毒による水俣病とともに三大公害病の1つである．骨を形成するカルシウムはカドミウムとイオン半径が近く，カルシウムの入るところにカドミウムが入って骨折しやすくなるといわれる．ちなみにカルシウムのイオン半径は$Ca^{2+}=0.99$Å，カドミウムは$Cd^{2+}=0.97$Åであり，きわめて近い大きさである．Å（オングストローム）は10^{-8}cmであり，またオングストロームは10^{-1}nm$=0.1$nmである．カドミウムは腎臓や肝臓にも蓄積するので，肝臓障害や腎臓障害の原因ともなる．すでに過去の問題と思われがちで

あるが，二世イタイイタイ病が問題になっている．

　1970年（昭和45年）の公害国会で集中審議され，土壌汚染防止法，水質汚濁防止法が制定された．相前後して環境庁（現在の環境省）が設置され日本の環境問題に対する考えが大きく変わる契機となった．

　環境ホルモン：内分泌攪乱(かくらん)物質をいう．微量な有機スズなどがあたかもホルモンのように行動し，魚介類などのオスがメス化するなど，生物の正常な繁殖の障害になってきている．コルボーンらの著書「奪われし未来」で注目されるようになった．

　狂牛病（BSE）：異常プリオンによって発生するといわれる．ヒツジのスクレーピー病，牛の狂牛病，ヒトのクロイツフェルト・ヤコブ病，これらは名前こそ異なるが，同じ病気であるとされる．牛の場合は感染した動物の肉骨粉を草食動物に与えたことにより強制的に共食いさせたことによって発生すると考えられている．クロイツフェルト・ヤコブ病の場合は最初，不安，焦り，健忘などが現れ，やがて歩行障害，運動異常，起立不能となり，やがて衰弱して死に至る．病原体は通常の病原であるウイルスや細菌ではなく，遺伝子も持たないプリオンというタンパク質の粒子である．熱や放射線にも強く，熱をかけても病原性を防止できない．近年出てきた新しい型の病気である．

　酸性雨：酸性雨は工業活動や火山その他で発生する亜硫酸ガス，窒素酸化物など大気中で硫酸や硝酸となり，酸性の雨となる．これは単に酸性の雨にとどまらず，酸性の雨によって，森林が破壊され，あるいは北欧では湖沼が酸性化し，溶け出すアルミニウムイオンで魚介類が死滅する．このような湖沼では，最初大きな魚のみが釣れ，その後まったく魚が釣れなくなったという．これは環境変化に弱い小さな魚から死滅することを示している．

　自然界のどの時代でも，あるいは人間社会でも，先に被害を受けるのは弱者であることを忘れてはなるまい．

　複合汚染：農薬汚染を扱った有吉佐和子の小説からきている．農薬汚染については海洋生物学者レイチェル・カーソンが小説「沈黙の春」でその危険性に

ついて全世界に警鐘をならした．もともと自然界になかった農薬の危険性は大きく，ヒトへの健康障害のみならず，多くの生物種を絶滅の危機に導く因子になりうることは確かである．

水俣病：熊本県水俣市のチッソ水俣工場で発生した有機水銀中毒である．工場で触媒として多量に使用した無機水銀の一部が有害な有機水銀となり，魚介類に取り込まれ，これを食べたヒトやネコは神経が冒され，悲惨な神経障害を発生し死に至る．本人のみでなく，有機水銀汚染の魚を母親が食べたことで，胎児性水俣病まで発生し，いまだ苦しんでいる人たちのいることを忘れてはならない．人命より経済優先の思想が生んだ人災といえよう．

メルトダウン：構造物が溶けた壊滅的被害をいうが，特に原子力発電所の原子炉が核分裂を続けて炉心が溶融することをいう．ロシアがソ連邦といわれていた1986年，現在のウクライナ共和国の首都キエフの北方130キロにあったチェルノブイリ原子力発電所で，20世紀最悪の大事故が起きた．水蒸気爆発，水素爆発，化学爆発とメルトダウンである．この事故でヨーロッパの広い範囲で放射能汚染が発生した．このため原子炉周辺30キロの住民の立ち退きが強制的に行われた．しかし，多くの住民，特に子供たちは放射能障害で苦しんでいる．この放射能被曝は広島・長崎・ネバタの多量被曝に匹敵すると見られている．

III 酸とアルカリ

　日常生活において，酸やアルカリはよく使われる言葉である．この章では酸とアルカリについて述べる．

1. 酸とは何か

1) 酸の定義
　酸とは水素イオン（H^+）を与える物質をいう．

　酸性雨，pHあるいは食酢など身近な酸の正体は何か？　酸とは水に溶けた水素イオン H^+（H^+ は裸で存在せず，水和しているので正確にはヒドロニウムイオン H_3O^+ をいう．水素原子から電子を奪うと陽子のみとなるが，これが水素イオンである．ここではヒドロニウムイオンも同様に扱う．この水素イオンを放出して相手に与えることのできる物質のことを"酸"という．たとえば水素イオンが存在していても何かに吸着され，あるいは化学結合していて遊離していない場合（HCO_3^-，HSO_4^- などのように）は酸として機能しないが，より強いアルカリに出合うと水素イオンを放出し，酸として機能することができる．アンモニウムイオン（NH_4^+）はアルカリとのイメージが強いが，高pH領域では水素イオンを放出し，酸として機能する．そして，本体はアンモニアガスとなって揮散(きさん)する．
　pH9以上では

$$NH_4^+ \rightarrow H^+ + NH_3\uparrow$$

　　　アンモニウムイオン　水素イオン　　アンモニアガス

2) 水素イオン濃度のpスケール表示

遊離しているH$^+$（正確には活量）のM濃度を対数で表し，その指数を表示する，いわゆる前章の指数のところで述べた，pスケールで表示するのがpHである．H$^+$が0.1Mは10^{-1}Mであるので，pHは1となる．ここでHは水素イオンを示している．

H$_2$O（水）のイオン積は

$$[H^+] \times [OH^-] = 10^{-14}$$

である．水素イオンと水酸化物イオンは正反対の関係にある．両者の関係を次に示す．

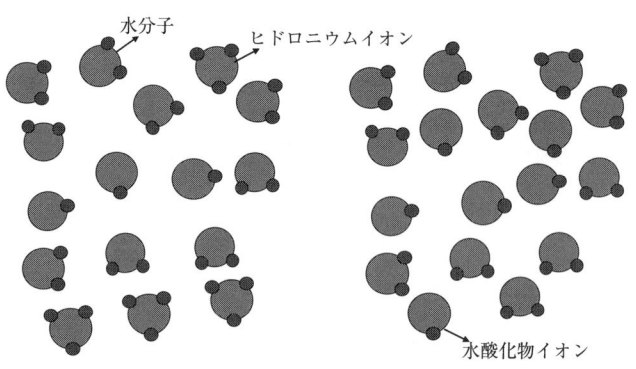

pH	0	1	2	3	4	5	6	7	8	9	10	11	12	13	14
H$^+$	1	10^{-1}	10^{-2}	10^{-3}	10^{-4}	10^{-5}	10^{-6}	10^{-7}	10^{-8}	10^{-9}	10^{-10}	10^{-11}	10^{-12}	10^{-13}	10^{-14}
OH$^-$	10^{-14}	10^{-13}	10^{-12}	10^{-11}	10^{-10}	10^{-9}	10^{-8}	10^{-7}	10^{-6}	10^{-5}	10^{-4}	10^{-3}	10^{-2}	10^{-1}	1
pOH	14	13	12	11	10	9	8	7	6	5	4	3	2	1	0

酸性溶液
（ヒドロニウムイオン）

アルカリ溶液（水酸化物イオンが多い）

図Ⅲ-1. 酸性溶液とアルカリ溶液の違い
アルカリとは陽子（水素イオン）を受け入れることのできる物質である．
水酸化物イオンはヒドロニウムイオンから陽子を受け入れ，水分子を作る．

2. 酸の解離

硝酸（HNO$_3$）や塩酸（HCl）は溶液中でほとんどが解離するので，きわめて強い酸である．

$$HNO_3 = H^+ + NO_3^- \tag{1}$$
$$HCl = H^+ + Cl^- \tag{2}$$

しかしながら，硫酸（H_2SO_4）はpH1.9付近以下では次第に（3）式のように水素イオンは1個しか解離しないようになる．

$$H_2SO_4 = H^+ + HSO_4^- \tag{3}$$

リン酸はpH2.1付近以上では次第に式（4）のように3個の水素のうち，解離するのは1個のみとなる．

$$H^+ + H_2PO_4^- \tag{4}$$

pH7.2付近以上では次第に2個の水素イオンを放出する．

$$2H^+ + HPO_4^{2-} \tag{5}$$

持っている水素3個を完全に放出し（6）のようになるのはpH12.3付近以上である．このような酸にアルカリを加えても，pHは緩慢にしか変動しない．

$$3H^+ + PO_4^{3-} \tag{6}$$

このように水素イオンの放出をあるpHの範囲でしか行わない現象，すなわちpHが変動しない現象を緩衝作用という．緩衝作用とは"衝撃を和らげる"の意味である．

表Ⅲ-1 各種の酸とアルカリ（塩基）の比重と濃度

酸およびアルカリ	比重	M	N
塩酸（HCl）	1.19	12	12
硝酸（HNO_3）	1.38 1.42	13 16	13 16
硫酸（H_2SO_4）	1.83	18	36
酢酸（CH_3CO_2H）	1.05	17.4	17.4
リン酸（H_3PO_4）(85%)	1.07	15	45
過塩素酸（$HClO_4$）	1.61	10.6	10.6
アンモニア水（NH_4OH）(25%)	0.88	15	15

このような緩衝作用は酢酸やクエン酸のような有機酸で特に顕著である．

生活と密接な関係のある酢酸はpH4.7以下では急激に水素イオンの放出が鈍くなる．そのため酢酸の原液が誤って口に入っても事故が起きることはきわめて少ない．このような弱酸は果物などに多く入っているクエン酸なども同じである．

3. 緩衝作用

緩衝作用とは酸（H^+）またはアルカリ（OH^-）の濃度変化を弱める働きである．これは酸を出し入れする化合物，たとえばリン酸イオン（$H_2PO_4^-$）とか硫酸イオン（HSO_4^-），あるいは土壌などが持つ性質である．これらの周りの酸やアルカリの濃度が上下する場合に酸（H^+）やアルカリ（OH^-）を出したり入れたりする作用によってその酸やアルカリ濃度変化を小さく保つ．

特に生物生体における炭酸水素イオン（HCO_3^-）の緩衝作用は生物界においても，あるいは海水のpHを一定に保つ上でも重要な働きをしている．

1) 炭酸水素イオンの緩衝作用

炭酸水素イオンの緩衝作用は次の形態変化によって起こる．すなわち，炭酸の形態は

$$H_2CO_3 \longleftrightarrow HCO_3^- \longleftrightarrow CO_3^{2-} \qquad (1)$$
$$\text{pH} \quad 6.35 \quad\quad 10.33$$

(1)の三態であり，pH6.35以下では周りの水素イオンH^+を濃度が上がるとそれを受け取ってH_2CO_3の炭酸に変わる．炭酸水素イオンが存在する間はそれが水素イオンと結合するのでわずかなpHの低下で進行する．溶液中のHCO_3^-が1Mの濃度で1L存在するとき，pH2（H^+0.01M）の塩酸を1L加えても，HCO_3^-の消費はわずか1/100でしかなく，pHはほとんど変化しない．

反対にアルカリの水酸イオンOH^-が入ってくると(1)式のHCO_3^-は水素イオンを放出しながら右側に反応が進み，炭酸イオンCO_3^{2-}に変わる．このようにしてpHはわずかしか変化しない緩衝作用が起こる．

人体などの重要な体液である血清中のイオン組成は表Ⅲ-2のとおりである．

表Ⅲ-2　血清のイオン組成

陽イオン （me L^{-1}）					陰イオン （me L^{-1}）			
Na$^+$	K$^+$	Mg^{2+}	Ca^{2+}	小計	Cl$^-$	HCO$_3^-$	R$^-$	小計
142	5	2	5	154	103	27	24	154

注）R$^-$：H$_2$PO$_4^-$＋HPO$_4^{2-}$；2, SO$_4^{2-}$；1, タンパク質；16, 有機酸；5.

表Ⅲ-2からも明らかなように，血清中の HCO$_3^-$ は 0.027 M も存在し，これが血清の pH を 7.4 に保つのに貢献する．炭酸水素イオンのように緩衝作用を行う化学種はたくさんあり，リン酸もその代表的な物質である．

リン酸は

$$H_3PO_4 \longleftrightarrow H_2PO_4^- \longleftrightarrow HPO_4^{2-} \longleftrightarrow PO_4^{3-} \qquad (2)$$
$$\text{pH} \quad 2.23 \qquad\quad 7.21 \qquad\quad 12.32$$

となる．このため，多くの化学実験で緩衝剤として用いられ，pH が一定にとどまるところから，pH メータの標準液としても使われる．各種の有機酸も同様である．なお，どの化学種がどの pH で別の化学種に変換するのかは，酸解離定数を見れば記されている．

Ⅳ　酸化と還元

　酸化還元は電子のやりとりであり，電子を放出するのが酸化であり（プラスに傾く），電子を受け入れるのが還元である（マイナスに傾く）．

1.　酸化還元とは電子のやりとり

1)　電子の放出は酸化，受け取りが還元

　木炭を燃やすと一酸化炭素や二酸化炭素ができる．あるいは水素を燃やすと水ができる．また，ゆっくりではあるが鉄も酸素のあるところで燃えて酸化鉄ができる．このように酸素と結合することを酸化と呼んできた．この「酸化」の現象を原子のレベルで見ると，この「酸化・還元反応は電子の受容・供与」のことであることがわかる．生物も含めた地上における多くのエネルギー代謝がこの酸化還元反応によっている．炭素化合物を燃やしてエネルギーを取り，二酸化炭素を排出しているのは酸化還元反応にほかならない．木炭を燃やすと，炭素1個に酸素2個が取り付き，二酸化炭素となるが，この場合，炭素の電子は2個の酸素の最外殻の電子とそれぞれ8個になるように共有する二酸化炭素となる．図Ⅳ-1には炭素の酸化から電子を見たその略図を示した．

　炭素は原子番号が6であるから，原子核に6個の陽子を持っている．図Ⅳ-1の左側のように，電子を6個持っているとき，炭素は陽子と電子が釣り合っているので，電荷はゼロである．酸素は原子番号が8であるので，原子核に8個の陽子を持っている．したがって電子が8個の時は陽子と電子が釣り合っているので，電荷はゼロである．しかし，両元素とも，一番外側の電子軌道には，もっとも安定する8個の電子がなく不安定な状態にある．ここで両元素の電子

O C O　酸化された炭素は酸素原子が2本の手で結合している　O＝C＝O

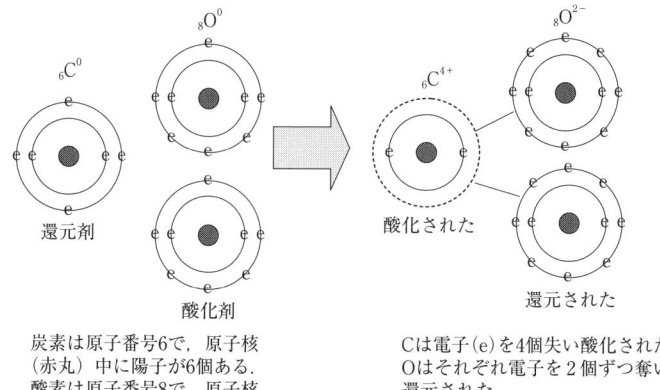

炭素は原子番号6で，原子核（赤丸）中に陽子が6個ある．酸素は原子番号8で，原子核に陽子が8個あり，それぞれ電子数と同じである

Cは電子（e）を4個失い酸化された
Oはそれぞれ電子を2個ずつ奪い還元された

図Ⅳ-1　炭素と酸素の酸化還元反応

のやりとりが起こる．酸化還元反応である．このとき炭素は4個の電子をもらっても，あるいはやってもよいが，酸素はすでに6個の電子を外殻の第2軌道に持っているので，2個もらう方が簡単である．このとき，電子を放出する方が還元剤であり，受ける方が酸化剤である．

反応後，炭素は4個の電子を失い，プラスの4価となり，酸化される．一方，酸素2個はそれぞれ2個の電子を受け取り，10個ずつ電子を持つことになり，陽子の数より電子が2個多いので，マイナスの2価となり還元される．このような状態で炭素1個と酸素2個の結合したのが二酸化炭素である．

地上におけるエネルギー源となっている植物の光合成産物である炭水化物は，酸化された炭素（CO_2）が太陽エネルギーによってできた炭素の還元型の物質である．炭素に水が付いた形なので，炭水化物という．

$$nCO_2 + 光 \rightarrow nCH_2O$$
　　　二酸化炭素　　　炭水化物

この反応を炭素の荷電で見ると

$$C^{4+} + 4e^- \rightarrow C^0$$

となり，炭素は酸化して第2周期の電子4個をすべて放出した状態にある．植物の葉緑素と太陽光によってできた炭水化物の炭素は電子を4個取り戻し還

元され，荷電はゼロとなる．

2) 鉄はゆっくり燃えて酸化する

具体的な例をあげると，生物が呼吸によってとる酸素も体内のエネルギー源である糖などを酸化するのに使われる．また，鉄がさびて褐色になるのも酸化である．鉄がさびる時も酸化によって実は熱を放出している．この反応はゆっくりしているので普段は気づきにくい．しかし，これは現在多く普及している保温剤などを見るとわかりやすい．

保温剤の原理は鉄の粉と塩分を含む水とが別々に入っていて，もんだり振ったりして双方を混ぜると酸化が進み発熱する仕組みである．最近では密閉した中に入っている食べ物に必ず入っている「脱酸素剤」も酸化力を遅くしただけで理屈は同じである．鉄を酸化させて保存物質の酸素を除き，あるいは反応を強くして発熱させるもので，いずれも酸化還元反応の利用である．

酸化還元は農業の場においてもきわめて身近な反応である．水田に水をはると，有機物を多く投入した土壌では，微生物が盛んに活動し，酸素を消費する．やがて赤味のあった土壌がしだいに青味を帯びた土壌に変わってくる．赤色の3価鉄（Fe^{3+}）が還元されて青い2価鉄（Fe^{2+}）となるためである．

畑の土壌に入れられたアンモニア態窒素（アンモニウムイオン）が硝酸態窒素（硝酸イオン）に変わるのも酸化によるものである．

次にいくつかの身近な物質の酸化の例を示す．木炭（C:炭素）は燃焼によって一酸化炭素（CO）に変わり，さらに酸化されて二酸化炭素（CO_2）に変わる．このとき，炭素はC^{4+}に酸化され（電子4個を酸素に与えプラス4価になる酸化反応），酸化剤の酸素は$2O^{2-}$に還元されている（酸素2個が電子を4個受ける還元反応）．

［酸化の例］　　　　　一酸化炭素
　　　木炭：$2C + O_2 \rightarrow 2CO$　　　$2CO + O_2 \rightarrow 2CO_2$

一方，銀色に輝く鉄は酸素に電子を3個与え，Fe^{3+}となり，酸素はO^{2-}となる．

　　　鉄：$4Fe + 3O_2 \rightarrow 2Fe_2O_3$

以上の例からもわかるとおり電子を失いプラスに荷電し，還元により電子を受け入れるとマイナスに荷電する．

2. 熱力学の3法則

　熱力学は化学よりも物理学に属するが，同じ物質でも気体，液体，あるいは固体に変化し，そのとき熱の出し入れを伴う．このようなことから，熱力学の3法則について簡単に述べよう．

1) 熱力学第1法則
エネルギー総量は変わらない—エネルギー保存則：これはエネルギー保存則である．熱量と仕事の収支についての法則であり，エネルギーにはさまざまな種類がある．位置エネルギー，電気エネルギー，熱エネルギー，運動エネルギー，光エネルギー，その他のエネルギーである．その他のエネルギーの区分に外部エネルギーと内部エネルギーがある．たとえば石を高い所に上げたとしよう．石を持ち上げるエネルギーは外部エネルギーである．高いところに上がった石は上から下に落ちる位置エネルギーを得る．これは内部エネルギーとなる．

　摩擦すれば熱が発生し，物質に熱を加えれば分子は振動する．電子レンジはマイクロ波（1,000～3,000 メガヘルツ MHz）を照射して，物質中の水分子を振動し，その振動数が増すことにより温度を上昇させて内部から加熱する．煮炊きで外部から熱を加えるのとはエネルギーの加え方が異なる．

　しかしどのような形のエネルギーに変化しようともその合計値は変わらないというのがエネルギー保存則である．

　現実のフィールドを当てはめると，水力発電は高い所にある水の位置エネルギーを電気エネルギーに換えるものであり，風力発電は風の運動エネルギーを電気エネルギーに，火力発電は熱エネルギーを電気エネルギーにするものである．太陽発電は光エネルギーを電気エネルギーに換えるものである．

　第1法則はドイツの医師マイヤー（1814-78）が保存則を提唱し，イギリスの科学者ジュール（1818-89）が実験で検証した．しかしマイヤーとジュールは当時物理学者としてはあまり認められていなかった．これに対してすでに高名な物理学者であったドイツのヘルムホルツ（1821-94）が必要な実験データを集め，エネルギー保存則は確立された．1847年である．

2) 熱力学第2法則

物は均一化する方向に動く（エントロピーは増大する，散らかりの法則）：
第2法則は簡単にいうとエネルギーの散らかりの法則である．AとBの2つの物質があるとき，AとB両者の状態に差が大きいほどその系は大きな仕事ができる．温度差，圧力差，濃度差，熱力学的安定度差などである．その差がなくなる方向，すなわち，均一化，平衡の状態の方向にその系は変動する．これをエントロピー増大という．

振り子のように永続することが可能に見えても，振り子の付け根で摩擦があり，また触れる間に空気抵抗があったりしてやがて振り子はとまる．このようなことから，熱力学第2法則では，それまで人類が夢見て多くの科学者が挑戦してきた永久機関は成立不可能であるとの結論を出した．

物でも温度でもあるいは圧力でも均一化した拡散の方向に進むのは容易であるが，この逆はエネルギーをかけないと進行しない．ゴミは勝手に散らかるが，集めるのは容易でないということである．エントロピー増大とは散らかる方向をさす．

1848年，イギリスの物理学者ウィリアム・トムソン（後のケルヴィン男爵）は温度の低下とともに気体の体積はどんどん縮まり，計算上は-273℃でゼロになると考えた．これを絶対温度の基準にすることを提唱した．現在，絶対零度は-273.15℃である．これをケルヴィンの頭文字を取って°Kと表示する．

熱力学第2法則は1850年，ドイツの物理学者クラウジウスによって熱量と絶対温度の比にエントロピーと名前を付け確立された．第1法則は3人で，第2法則は2人で確立された．平たくいえばエントロピーは仕事に使えない熱エネルギーと考えればよい．熱でも圧力でも分散して落差が無くなれば仕事には使えないエネルギーとなる．

3) 熱力学第3法則

絶対零度には到達できない—エントロピーはゼロにならない：熱力学第2法則確立のあと絶対零度をめざすレースが始まり，ゴールも間近のように思われた．しかし，1906年，ドイツの物理科学者のネルンスト（1864-1941）によるヘルムホルツらの方程式の解では，絶対温度がゼロに近づくにしたがって，ゼロに近づくのはエネルギーでなく，エントロピーがゼロになることが明らか

になった．絶対零度に限りなく近づくことはできるが，決して到達することはできない極限であることを提唱した．これは熱力学第3法則と呼ばれる．

熱力学第2法則で，無駄なエネルギーがゼロとなることはないため永久機関は否定された．これから考えてもエントロピーがゼロになることはない．この理論によってネルンストは1920年にノーベル化学賞を受賞した．

ネルンスト式：ネルンストによって提出された次の式は酸化還元物質の比率や電位の予測の有力な方程式で，フィールドの問題の解決にも広く使われる．

酸化還元反応は土壌を取り扱う場合に重要な意味を持つ．特に水田土壌やいま流行のさまざまな有機物のメタン発酵では，この反応は無視できない．青く還元された土壌，真黒い硫化鉄の生成，硝酸態窒素を施用したときの脱窒現象，可溶性の鉄やマンガンの増大など，これらはすべて還元作用によるものである．一方，地球温暖化で大きな問題となってきているのがメタンガスの発生である．ツンドラ地帯の湿原，水田地帯，あるいは反芻動物の胃袋，シロアリの消化器官などが発生源とされる．このようなさまざまな還元現象がどの程度の電位になったとき生じるか，ある程度理論的に予測することができる．その理論的根拠となるのが熱力学の第三法則のネルンスト式である．

$$E = E_0 + \frac{RT}{nF} \log e \frac{[\mathrm{Ox}]}{[\mathrm{Red}]} \qquad (1)$$

ここで各記号は次のとおりである．

E_0 = 標準電位 （pH0 における電位）
R = 気体定数
T = 絶対温度
n = 酸化還元電位にあずかる電子数
F = ファラデー定数 （F = (9.648670 ± 0.00016) × 10^4 C/mol （^{12}C を 12 として）

[Ox]；[Red] = 酸化剤；還元剤の濃度

(1) 式を使いやすい常用対数に書き換えると，

Ⅳ 酸化と還元

$$E = E_0 + \frac{0.059}{n} \log \frac{[\text{Ox}]}{[\text{Red}]} \quad (2)$$

(2) 式を酸化型の $[Fe^{3+}]$ と還元型の $[Fe^{2+}]$ に当てはめると,

$$E = E_0 + \frac{0.059}{n} \log \frac{[Fe^{3+}]}{[Fe^{2+}]} \quad (3)$$

(3) 式となり, $[Fe^{3+}]$ と $[Fe^{2+}]$ が 1:1 となる pH = 0 のときの標準電位 E_0 は 0.77 V であるので,
$[Fe^{3+}]$ と $[Fe^{2+}]$ が 1:10 の条件では,

$$E = 0.77\,\text{V} + \frac{0.059}{n} \log \frac{[1]}{[10]} \quad (4)$$

となり, 酸化還元電位にあずかる電子数は (3) − (2) = (1), すなわち n = 1 であるので,

$= 0.77\,\text{V} + (0.059) \log 10^{-1}$

$= 0.77 + (0.059 \times -1) = 0.77 - 0.059 = 0.71\,\text{V} \quad (5)$

となる. すなわち, 同じ酸化還元物質でも, 酸化型が増えればプラスの方向に, 還元型が増えればマイナスの方向に電位は動く. このことは他の物質を代入しても同じである.

3. 酸化還元とフィールドの問題

1) メタンの生成

地球温暖化物質として水田やツンドラ地帯でのメタン発生が問題にされている. 土壌中の炭酸, 酢酸などの有機酸は Eh − 0.2 〜 − 0.3 V の還元状態でメタンに変化する (高井・三好, 1977). 事実, 多くの研究で酸化還元電位 Eh − 0.15 V 付近からメタン生成が認められている.

水田土壌では通常 Eh − 0.2 V 程度まで電位の低下が認められる. pH が水素イオン (陽子) 濃度で決定されるのとは異なり, 酸化還元電位はネルンスト式からもわかるとおり, 酸化剤と還元剤の比で決定される. そのため, 酸化剤の

多い土壌ではそれだけ還元しづらい．土壌の主要な電子受容体である酸化剤は酸化マンガンと酸化鉄であるが，量的には鉄が圧倒的に多い．したがって，還元の難易には遊離酸化鉄*が指標になろう．

2) 酸化還元と生物 ── 食べ物は酸化してエネルギーを出す

生命を維持するためのエネルギーを動物は還元物質を酸化して得てきた．地上に酸素が無く，海だけが生物の世界であった太古の時代，海底火山から吹き出す毒性の強い物質である硫化水素を酸化してエネルギーを得ていた．今でも海底の深い所で同じ営みをしている生物がいる．

動物は自分で光合成ができないために，植物の作った光合成産物を酸化してエネルギーや必要な栄養を得ている．光合成の代表的産物である炭水化物は nCH_2O（$C_6H_{12}O_6$：ブドウ糖）は炭素の還元物である．動物は炭水化物を酸化してエネルギーと，二酸化炭素と水を排出する．

$$nCH_2O + O_2 \rightarrow CO_2 + H_2O + エネルギー$$
　　　食物　　　　　二酸化炭素　水

メタンガスからガソリンなど家庭や自動車の重要なエネルギー源である炭化水素（飽和鎖式炭化水素，アルカンという，一般式：C_nH_{2n+2}）も炭素の還元物で，燃焼（酸化）し，エネルギーと，二酸化炭素と水を排出する．

3) 活性酸素 ── 多量の酸素は毒である

人が盛んにエネルギーを消費し活動するとき，体内に活性酸素がたまる．活性酸素は酸化力の強い過酸化水素であり，肉体を痛める．生体内で活性酸素の過酸化水素（H_2O_2）のできる理由は酸素の特性といえよう．やや複雑であるが使用する用語から述べよう．

先にも述べたように，不対電子のラジカル（遊離）は反応性に富む原子または原子団（遊離基）である．L殻の酸素原子は周期表からもわかるとおり，外側に6個の電子を持つ．そのため酸素原子は1個の不対電子（ラジカル）でなく，2個の不対電子（ビラジカル）を持つ．酸素分子は左側のAのように共有した安定した分子ばかりでなく，右側Bのビラジカルも多い．酸素分子と他の

＊ 風乾土壌をEDTAと還元剤を含む溶液で解け出る鉄を測定して得る．

IV 酸化と還元　　　　　　49

酸素は1個の不対電子（ラジカル）でなく，2個の不対電子（ビラジカル）である

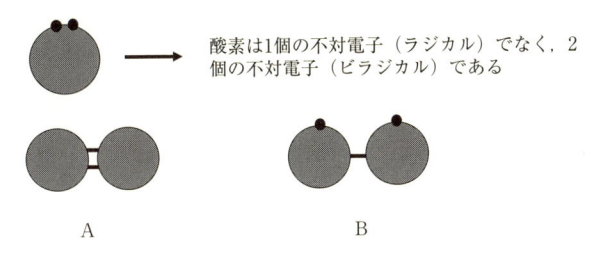

A　　　　　　　　B

酸素分子は上記のAでなく，Bのビラジカルが多い

図IV-2　活性酸素の原因のビラジカルの酸素分子

分子が結合するには相手も2個の不対電子が必要で，そのような分子は少ない．ビラジカルの酸素分子が1個の電子を水素から受けると，ラジカルとなり，さらにもう1個の水素と結合して過酸化水素となる．

$$[H\dot{O}_2]^- + H^+ \rightarrow H_2O_2$$

　　酸素分子に水素1個　さらに1個の水素　過酸化水素

平たくいうと酸素分子は2個の酸素原子が片手で相手の酸素と手をつなぎ，それぞれ遊んでいるもう1つの手（ラジカル）で別々に水素イオンと手をつなぎ過酸化水素になるのである．

　激しい運動では体内の酸素欠乏を治すために多量の酸素をとり，過酸化水素ばかりでなく，次亜塩素酸や酸素を多く持った超酸化物イオンができる．これが体内では組織や毛細血管を破壊する．過酸化水素の3％の溶液はオキシドールとして傷口の消毒に使われるが，この強い酸化力を利用して殺菌するのである．過酸化水素がいかに生体に対して強い毒作用を持つか理解できよう．

　これに対して果物や野菜に多く含まれるビタミンCのL−アスコルビン酸（光学異性体*であるD−アスコルビン酸は効力がない）は還元力の強い物質で，抗壊血症作用があり，活性酸素や超酸化物イオンを還元し酸化力を奪い，肉体を守る．また焼き魚や焼き肉などの焦げに含まれる発ガン物質を不活性化する働きがある．酸化還元反応は実験室ばかりの問題ではなく，生活や環境に

---

* 光学異性体＝化合物には化学的にも物理的にも性質は同じであるが光がその物質を通るとき光を右手（D型）にあるいは左手（L型）に偏光させる性質がある．あたかも鏡に写るようにすべてが正反対となる．これを光学異性体という．両者の化学構造は同じでも生理作用などは全く異なり，医薬品に光学異性体が存在する場合は注意が必要である．

結び付く現実的な問題である.

4) 硫酸酸性塩土壌 — 海の底にたまったイオウ

海の底でできた土壌の掘り出しは慎重に：昔，入り江であった所の海底で堆積した粘土（海成粘土）や火山性の熱水では，鉄と結合したイオウが高濃度にたまっているところがある．これらは硫化鉄（FeS）や二硫化鉄（FeS_2：パイライト）として存在する．地下 10～20 m 以下の深くに存在し，掘りあげたときは中性であるが，半年か 1 年間風雨に曝すとイオウが酸化し硫酸となって pH 3 以下の強酸性の土壌に変わる．そのため，道路工事やトンネル工事，あるいは農地の均平化などでよく発生する事故の元となる．農地で多いのは海成粘土は良質の粘土であるために，しばしば客土（農地に外から土壌を持ってきて 5 cm とか 10 cm の置き土する）に使われる．掘り出した時点では中性であるので，つい油断して使って大事となる.

酸性硫酸塩土壌－海成粘土でイオウが 1～3 ％含まれる（石狩低地帯にて）

写真Ⅳ-1 海成粘土の断面．暗い緑青色をしている．

これらの海成粘土は当時内海や湾になっていて，外界との水の交流の少ないところに，多量の有機物が堆積し，酸素欠乏状態となって酸化還元電位が低下すると，海水に溶け込んでいる硫酸イオンが硫化物イオン（S^{2-}）となり，鉄と結合して粘土中に堆積する．海水が酸素欠乏状態となったとき，海の中の生物，貝類なども死滅し，還元状態に拍車をかける．

有史以前にこのような状態でできた海成粘土は全国に分布する．大阪の万博

が行われた丘陵地帯もそうである．このような地帯では建造物，あるいは鉄製の配管の腐食が大きな問題となる．強酸性でぼろぼろになるからである．また，酸性化した硫酸が養魚場などに流れ込み，被害を与える場合もある．

　このような事故を減らすために，硫化鉄やパイライトを判別する簡単な方法を紹介する．怪しいと思われる土壌を三角フラスコなどに取り，これに 2〜3 M の塩酸を注ぐ．これで硫化鉄は溶け，激しく硫化水素を発生する．硫化水素は独特の臭いがあるので感知できる．もし，安全と確実性を持ちたいときは三角フラスコの口に内径 1.5〜2 cm のカラムを付け，カラムの中には酢酸鉛をしみ込ませて乾燥した脱脂綿をつめ，硫化水素を発生させるとよい．硫化水素の場合は脱脂綿が黒く変色するので判定できる．

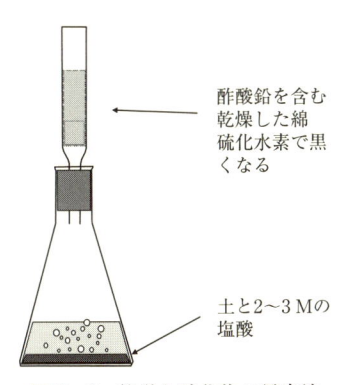

図IV-3　簡単な硫化物の鑑定法

V　物質の溶ける原理

　ここでは「物質が溶ける」とはどのようなことかを示す．物質が溶けるときには熱したり冷やしたりしても溶け方に変化が認められるが，同じ温度の場合，その物質の置かれた環境によってどのように溶解度が変化するか理論的に学ぶ．また，その原理を身近な問題に応用する．先に身近な事例を挙げ，理論的な問題は後半に述べる．

1.　溶けるとはどのようなことか

1)　バリウムと毒性
　溶解度積でも述べたように，多くの人になじみの化学物質に硫酸バリウムがある．レントゲンによる胃の検査で必ず造影剤として飲まされる．しかし，バリウムは劇物である．塩化バリウムには劇物の表示があるが，それでも硫酸バリウムの方はこれを飲んで死んだ人はいない．なぜなら，塩化バリウムはよく溶けるが，硫酸バリウムは溶けないからである．多くの有害な物質でも溶けなければ無害となる．ここに溶かす技術，あるいは溶かさない技術の重要性がある．

2)　上下水道の水処理
　日本の敗戦直後の1945～1946年ころの河川水は実にきれいな水が流れていた．筆者が子供のころ遊んだ石狩川も例外ではない．戦争と敗戦でずたずたになった日本の工業は疲弊し，川に汚水を流すに至らなかった．このきれいな石狩川で，旧制中学の生徒達がきれいなクロールで泳いでいた姿を今でも思い出

す．しかし，その後の工業の復興と下水の垂れ流しで川の水は子供達が泳げないほど汚れていった．それが最近になって再びかなりきれいな水になってきたことを実感する．大きいのは工場排水基準のきびしい規制と，下水道の完備である．

下水道は各家庭からの雑排水，水洗トイレなど，多量の有機物を含んだ水は通気して有機物を分解し，この中に含まれる菌糸や不溶性物質を凝集剤で沈殿させろ過し，ナトリウムやカリウムなどの電解質の可溶性物質を含むきれいな水だけを放水する仕組みである．すなわち，不溶性物質と可溶性物質を分けて処理する．

「水滴石を穿つ」という言葉があるが，わずかな水のしたたりでも，絶え間なく落ちていると，かたい石にも穴をあけるという意味である．出典は中国の故事により，別な意味に使われている．しかし，難溶性物質の溶解度を考えるとき，非常によく当てはまることばである．いかに難溶性の化合物でも溶解度はその化合物を構成するイオンの積（溶解度積）によって決定されるため，たたいて砕く物理的破壊ばかりでなく，石の成分を含まない新しい水が次々供給される場合は化学的にもいずれは溶けてしまう．

2. 溶解度積の原理の応用

塩が溶けて透明な溶液になることはイオン化して水和した状態にある．その塩の溶解は溶解度積の原理に従う．その塩がAとBのイオンからできているとしよう．溶液中で難溶性塩はわずかであってもAとBに分かれて存在し，その濃度のかけた値は常に一定になる．

たとえば化合物の溶解度積（Ksp）が100であるとすると，この溶液中のイオンAとBが同数の場合は

$$A = 10, \ B = 10 \ \text{であって}, \ A \times B = 10 \times 10 = 100 \quad (1)$$

となる．ところが，溶液中のイオンAとBは常に同じになるとは限らない．Bが20になることもあるし，Bが50になることもある．それではそのような場合にはどうなるかというと，そのような場合でも，

$$A \times B = 100 \quad (2)$$

という関係は崩れない．したがって，(2)式からAを求めようとすると

$$A = 100 \div B = 100 \div 20 = 5 \qquad (3)$$

となる．このように，ある溶液に AB という化合物を溶かそうとする場合に，その溶液に初めから，A または B のどちらかが入っていると，何も入っていない水に溶かすよりもはるかに少ししか溶けないことになる．II 章で述べたように，このような現象をその化合物のイオンに共通したイオンが存在するということから"共通イオン効果"という．

このように，物質の溶解度を判定する場合に，溶解度積は重要で唯一の手掛りとなり，共通イオン効果を補助因子として計算することにより，その物質の溶解度を予測することができる．

植物体の分析に当たって，硝酸-過塩素酸で分解した後に，サラサラとした細かい透明な結晶質の沈殿ができる．ケイ酸の少ない植物体の場合，これは過塩素酸と植物体に含まれるカリウムからできた過塩素酸カリウム $KClO_4$ の結晶である．この結晶は分解終了後の溶液に過塩素酸 $HClO_4$ を多く残すほど余計にできる．

過塩素酸カリウムの Ksp は 10^{-2} である．したがって溶液中に ClO_4^- と K^+ のモル濃度の積が 10^{-2} 以上加えると白色の沈殿ができる．この沈殿物が過塩素酸カリウム $KClO_4$ である．塩化カリウムの溶液を水溶液に加えた場合は沈殿を生じないが，過塩素酸を含んだ溶液では沈殿が生じる．また，過塩素酸濃度の異なる溶液に塩化カリウムを加えた場合でも，沈殿は過塩素酸濃度の高い方で先に生じる．

また，硫安（硫酸アンモニウム）や硫加（硫酸カリウム）を多く施用して SO_4^{2-} 濃度の高い土壌では，これらの入っていない土壌よりも $CaSO_4$（石こう）を入れた時のカルシウム Ca の溶け方が小さくなるのも同じ理屈である．

以上のように溶解度積の原理は物質の溶解を制御するため，溶液からある種のイオンを除いたり，もしくは有害物質の溶出抑制などに応用できる．

3. pH と溶解度

難溶性化合物の溶解度は多くの場合，溶液の pH によって変化する．身近な問題として，水酸化アルミニウム $Al(OH)_3$，水酸化第二鉄 $Fe(OH)_3$，その他の重金属の水酸化物などは酸性側でよく溶ける．重金属などの難溶性水酸化物

は重金属イオンと水酸化物イオンの積によって決まる．酸性側では水酸化物イオンの濃度が低いため溶解度が著しく高まる．

溶液中におけるこれらの見かけ上の値を計算によって求めることができる．その一例を次に示す．

水酸化マグネシウム $Mg(OH)_2$ の Ksp は 10^{-11} である．

$$[Mg^{2+}][OH^-]^2 = 10^{-11}$$

水酸化物イオン $[OH^-]$ は水のイオン積から次のようになる．

$$[OH^-] = 10^{-14}/[H^+]$$

計算を楽にするため対数に置き換えると，

$$\log[OH^-] = -14 + pH$$
$$\log[Mg^{2+}] + 2\log[OH^-] = -11.0$$

pH変化に伴う Mg^{2+} は

$$\log[Mg^{2+}] = -11.0 - 2\log[OH^-] = -11.0 - 2(-14 + pH)$$
$$= -11.0 + 28 - 2pH = 17 - 2pH$$

この最後の式である $17-2pH$ に目的とする pH を入れて計算すればそれぞれの pH におけるマグネシウムのモル濃度が計算できる．たとえば pH 9 のときの $[Mg^{2+}]$ は

$$\log[Mg^{2+}] = 17 - 2(9) = 17 - 18 = -1$$

となり，$[Mg^{2+}] = 10^{-1} M$ である．

水酸化物の溶解度は水酸化マグネシウムの溶解度からもわかるとおり，2価の金属では pH 1 上がれば 1/100 となり，pH 1 下がれば 100 倍となる．鉄やアルミニウムなどの3価では pH 1 上がれば 1/1,000 となり，pH 1 下がれば 1,000 倍となる．もちろんこれは水溶液の中であって，土壌の中などでは，土壌による吸着があるのでこのとおりにはならないが，イオンの動きの予測には役立つ．

図 V-1 には pH と各種水酸化物の溶解度の関係を示す．

4. pH による化合物の形態変化と溶解度

炭酸の形態変化と溶解度：炭酸カルシウム $CaCO_3$，炭酸マグネシウム $MgCO_3$ など炭酸塩には難溶性化合物が多い．しかしながらこの化合物も酸性側では容易に溶解する．このような現象の起こる理由は炭酸の形態の変化によ

V 物質の溶ける原理

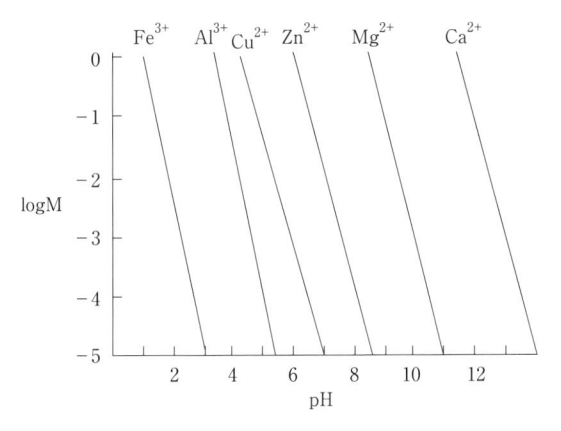

図V-1 pHと水酸化物の溶解度

るためである．

　まず，炭酸イオン CO_3^{2-} 形態の変化を示すと図V-2のような結果が得られる．すなわち溶液中における炭酸 H_2CO_3 の溶存形態はpHの低い方から炭酸 H_2CO_3，炭酸水素イオン HCO_3^-，炭酸イオン CO_3^{2-} の3つの形がある．pHが上がり，水素イオンが低下すると炭酸は水素イオンをそれぞれ放出しながら形態を変えていく．

　炭酸カルシウムあるいは炭酸マグネシウムの溶解度積に関与するイオンは炭酸イオン（CO_3^{2-}）のみであるので，pHの低下によって炭酸イオン（CO_3^{2-}）

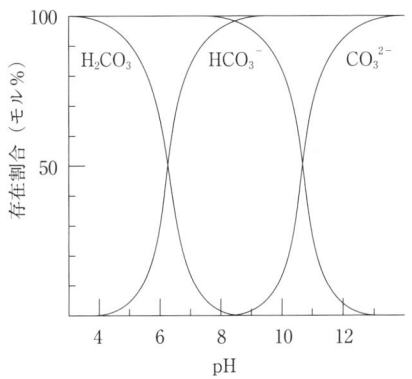

図V-2 pHによる H_2CO_3，HCO_3^-，CO_3^{2-} の変化

は炭酸水素イオン（HCO_3^-）あるいは炭酸（H_2CO_3）となるため，これらの炭酸塩は溶解する．共通イオンが増加して溶解度が著しく低下するのとは正反対である．なお，炭酸の形態変化の計算方法は1980年に出版された「フィールドの化学」を参考にされたい．

pHの変化で溶解度が変化する難溶性化合物は炭酸塩のみでなく，他にも幾つか存在する．難溶性塩を形成するリン酸も同様な傾向を示す．以下はリン酸の解離の形態と左右の形態が1：1の割合となるpHを示した．

$$H_3PO_4 \longleftrightarrow H_2PO_4^- \longleftrightarrow HPO_4^{2-} \longleftrightarrow PO_4^{3-}$$
pH　　　　2.2　　　　　7.2　　　　　12.3

これらの各種酸の形態変化は各種の専門の参考書に記されている「酸解離定数」を参考にされたい．ちなみにリン酸の酸解離定数は

			pKa	Ka
リン酸 (1)	$H_3PO_4 \Leftrightarrow H^+ + H_2PO_4^-$		2.23	5.9×10^{-3}
(2)	$H_2PO_4^- \Leftrightarrow H^+ + HPO_4^{2-}$		7.21	6.2×10^{-8}
(3)	$HPO_4^{2-} \Leftrightarrow H^+ + PO_4^{3-}$		12.32	4.8×10^{-13}

となり，pKaは半解離点のpHそのものである．

5. 洗い物

干ばつで水不足のとき，家庭の水の使用にも制約がかかる．このようなときの食器洗いに水を節約するために漬け洗いがよく行われる．しかし物質の溶解度から見るとこれはあまり良い方法ではない．難溶性の物質を溶かすには溶媒（ここでは洗い水）に汚れの成分が溶け込んでいないことが必要である．そのためには，ちょろちょろ水でもたえず新しい水で洗う方がきれいに洗い上がる．洗濯機にはすすぎにこのような原理が応用されている．

6. 類は友を呼ぶ

「類を持って友とす」や「朱に交われば赤となる」などのことわざがある．化学でも同じことが起こる．これらの言葉に当てはめれば「類は類を溶かす」となる．水と油は溶け合わないが，水とアルコールあるいは洗剤などがこの類

V　物質の溶ける原理

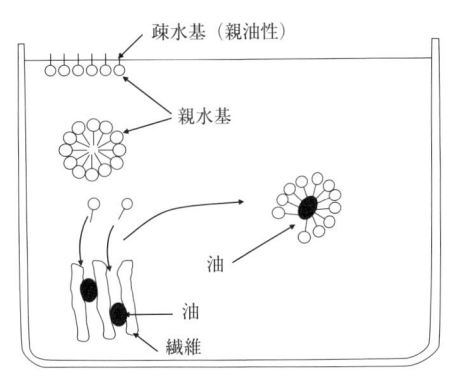

図V-3　石けんの洗浄効果のしくみ

となる．洗剤やアルコールは一方が疎水基（親油性）であり，反対側が親水基（親水性）となっていて，これが水と油の橋渡しをする．油物を水に溶かし，洗浄を可能にする．

もし油の粒子が水中にあると，疎水基がこれを取り囲み，石けん分子が取り付く．したがって，洗剤などの洗浄効果は水溶液の表面張力を著しく小さくし，そのため汚れ物の細かい内部まで侵入し，油やタンパク質などの異物を水中に引き出してくる．

7. キレート化合物

化学用語でも説明したように，キレート化合物は金属などを「カニのハサミ」ではさんで化合物からはぎ取る役目を果たす．溶解度積がいくら小さくても，キレート化合物として溶液に溶け出した金属は溶解度積の共通イオンとしては影響しない．そのため難溶性化合物でもスムーズに溶解する．キレート化合物の作りやすさはキレート安定度定数といい，数値が大きいほどキレート化合物を作りやすい．鉛中毒にEDTA（エチレンジアミン四酢酸）を使用するのは鉛との錯体はキレート安定度定数（$10^{18.04}$）が著しく高いため，体内の組織と結合していた鉛をキレート化合物として溶かし体外に排出させるためである．

VI 環境, 岩石, 土壌

1. プレートテクトニクス

　1912年,はじめてアルフレッド・ウェゲナーによって発表された大陸移動説は,かつて地球上にはパンゲア(すべての陸地の意味)大陸と呼ばれる巨大な大陸のみがあったとの説を発表した.この大陸は約3億5000万年前から,移動を始め,1億数千万年前に北アメリカ,ユーラシアおよびゴンドワナの各大陸に分かれ,新生代の第四紀(170万年前から現在まで)にそれが分離・移動したというものであった.しかしながら,その大陸を分断し,移動させるための巨大なエネルギーが何であるか不明であったため,彼の考えは当時認められなかった.

　1953年,ユーイングとヘーゼンは深い海底の谷が海嶺の長さ方向に走っていることを発見する.海嶺から押し上げられ,のびていく地殻はマントルの対流に乗って動いていると解釈された.これがウェゲナーの説が現実味を持ってきた最初である.

　図VI-1は巨大大陸パンゲアが分かれ,アフリカと南アメリカ,オーストラリアと南極からなるゴンドワナ大陸である.このゴンドワナ大陸から別れたそれぞれの大陸はそのときの隣り合わせの地形がそのまま現在に残っている.そればかりでなく,当時の特徴的な植物化石,肺魚などこの超大陸独特の動物が南半球に生息している.造山帯などの地質構造,岩石の絶対年代もつなぎ目でよく一致する.あまりにも継ぎ目がよく合うので,ギリシャ語で大工を意味するプレートテクトニクスと名付けられた.

何が大陸を移動させる原動力であったか？　それは地球内部マントルの対流に乗って海洋地殻や大陸地殻が動くというものであった（図Ⅵ-2）．
　地殻は海底火山である海嶺からのびて地殻のプレート（地殻はいくつかのプレートに分かれている）となってマントルの大きな対流に乗って移動する．

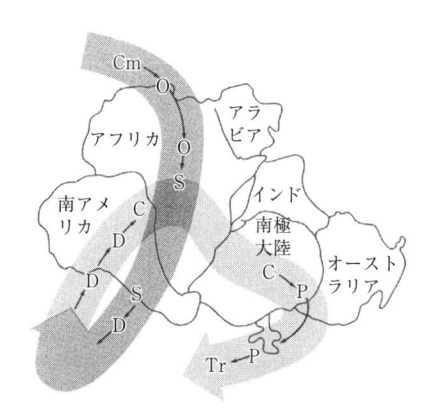

Cm＝カンブリア紀　O＝オルドビス紀
S＝シルル紀　D＝デボン紀　C＝石炭紀
P＝ペルム紀　Tr＝三畳紀

図Ⅵ-1　ゴンドワナ大陸
巨大大陸パンゲア大陸のあと，できた大陸ウェゲナーが大陸移動説によって説明した

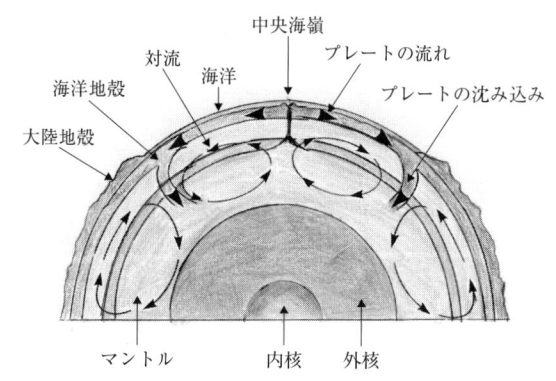

図Ⅵ-2　プレートテクトニクス—マントルの対流によって地殻は動く

その海洋プレートは大陸プレートとぶつかり,その下にもぐり込むことが明らかにされた.この太古に隣り合わせであった大陸では,陸上の古生物の分布もよく似ていることがわかり,大陸が動いて現在のようになった証拠とされている.この発見は地質学に大きな変革を与えた.地震や火山が特定の場所に集中する理由も明らかになった.

2. 火成岩とその化学組成

火成岩の化学組成は岩石の主要な成分であるケイ酸(SiO_2)の含有率と密接な関係がある.そのため火成岩の1分類法にケイ酸含有率によって分ける方法がある.酸性岩あるいは塩基性岩という分類は岩石が酸性か,アルカリ性かという分類ではなく,ケイ酸の含有率による分類法である.次にその例を示す.

表VI-1 SiO_2の含有率による火成岩の分類

岩 石	SiO_2 (%)
超塩基性岩	45% 以下
塩基性岩	45 – 52%
中性岩	52 – 66%
酸性岩	66% 以上

岩石に含まれるケイ酸は単にそれが多い少ないというのみならず,これによって他の成分も変化する傾向にある.表VI-2には主要な火成岩の化学組成を示したが,塩基性岩の玄武岩から酸性岩の花こう岩を見ると,鉄(FeO),マグネシウム(MgO),カルシウム(CaO)の含有率はケイ酸含有率の増大で著しく低下する.これに対し,カリウム(K_2O)はケイ酸含有率に伴ってむしろ著しく増大する.

岩石のケイ酸含有率はこの岩石が形成する山の形にも表れる.ケイ酸含有率の低い玄武岩はハワイのキラウエア火山のように柔らかく流れるような溶岩である.玄武岩と安山岩からなる山は富士山や開聞岳のように秀麗な成層火山(円錐形の火山)となる.さらにケイ酸含量が高く,60 – 75% の石英安山岩(デイサイト)の火山は北海道の昭和新山や長崎の雲仙(平成新山)のように粘っ

こく盛り上がったり大きな爆発をする．

表Ⅵ-2　火成岩の化学組成（都城・久城）

成分(%)	マントル推定値	北海道・蛇紋岩	超塩基性岩*カンラン岩	ガブロ	玄武岩	安山岩	花崗岩
SiO_2	44.59	39.3	43.1	48.2	49.06	59.59	70.18
Al_2O_3	3.34	0.46	2.35	17.88	15.7	17.31	14.47
FeO	5.86	6.03	7.38	5.95	6.37	3.13	1.78
MnO	0.13	0.09	0.14	0.13	0.31	0.18	0.12
MgO	39.38	37.9	39.6	7.51	6.17	2.75	0.88
CaO	2.67	0.18	1.88	10.99	8.95	5.80	1.99
Na_2O	0.32	0.24	0.40	2.55	3.11	3.58	3.48
K_2O	0.09	0.01	0.02	0.89	1.52	2.04	4.11
NiO	0.28	0.29	0.30				
Cr_2O_3	0.37	0.46	0.24				
$H_2O(\pm)$		14.81	3.94	1.45	1.62	1.26	0.84

*堀江（2002）
注：岩石の水分に$H_2O(+)$，$H_2O(-)$の表示のある場合，$H_2O(-)$は試料の吸湿水であり，$H_2O(+)$は110℃以上に熱して放出される水分．

3. 超塩基性岩

1) 岩石の成り立ち

変成岩地帯は地震と火山の巣：岩石をその成り立ちから分類すると，火成岩，堆積岩および変成岩に大別される．火成岩はマグマが固まってできた岩石で，玄武岩，安山岩や深成岩からなる花こう岩，ハンレイ岩などである．堆積岩は泥や砂，小石生物遺体などが堆積したもので，泥岩，砂岩，石灰岩などが入る．

変成岩は大陸プレートと海洋プレートのぶつかる周辺に存在する岩石で，火成岩や堆積岩がマントルの高温高圧にさらされて変化した岩石である．片麻岩，片岩など結晶が並んだ縞模様が入っている岩石である．この後に示す超塩基性岩もこの変成岩に入る．

環太平洋をみても日本列島，フィリピン，ニュージーランド，アメリカ・カリフォルニア州，ワシントン州など超塩基性岩の存在するところは大陸プレートと海洋プレートが衝突するところで，火山と地震の発生源が集中して存在す

る．

蛇紋岩は大陸プレートの先端で，海洋プレートから上がる水を受ける：これまでカンラン岩と蛇紋岩の超塩基性岩のうち蛇紋岩の存在が二つの地殻プレートがぶつかりあう破砕帯にそって片側にのみ出現するが，なぜそのようになるか理由は不明であった（都城・久城，岩石学Ⅲ，1977）．北海道の例を見ても，この破砕帯は北の稚内の近くから南の襟裳岬まで断続的に続いているが，蛇紋岩は西側の神居古潭変成帯であり，東側は日高変成帯で，カンラン岩のベルトである．関東から九州にいたる破砕帯においても，太平洋に近い方は蛇紋岩が出てくる高圧型の三波川変成帯であり，内陸側の領家変成帯は低圧型である．

この謎はアメリカ西北部のカスケード山脈から西海岸の超塩基性岩地帯の研究で 2002 年に明らかにされた（Bostock et al., *Nature*, 417, 536-538）．

この研究によると，図Ⅵ-3 に示したように海洋プレートが沈み込むとき，深さ 30～80 km 付近で，上位大陸地殻のくさび状になっている先端部分が海洋プレートから高温によって上昇する水分（揮発性物質）によって溶融し，蛇紋岩化するというものである．これは大陸側の先端部分側に蛇紋岩の出現があることとよく一致している．水分含有率の高い蛇紋岩はもろく弱い．これが断層帯に多発する地震の原因にもなっている．

地球内部の化学物質である放射性物質が地球の熱エネルギー源となって海洋地殻や大陸地殻を動かす．この物理作用が地殻の化学組成を変え，それがまた地震や火山噴火の原因となるダイナミックな現象をそこに見ることができる．

蛇紋岩とカンラン岩はきわめて似た化学組成を持ち（表Ⅵ-2），蛇紋岩が水分を 12 % 以上含有し，場所によっては 15 % にも達する．この点はカンラン岩と大きく異なる．

蛇紋岩の主要鉱物は蛇紋石鉱物であるが，アンチゴライトやクリソタイルと同じケイ酸塩鉱物で，$Mg_3Si_2O_5(OH)_4$ の化学組成を持つ．蛇紋岩はこの化学分子からなるため，簡単に粘土化する．現在，肺の悪性中皮腫をもたらす発ガン物質として社会問題化しているアスベストは蛇紋岩から採取し利用していたものである．アスベスト繊維は微細で鋭く，綿や羊毛のような丸く長い繊維ではないため吸引すると肺の深部まで侵入する．米国ではすでに 1980 年代に使用

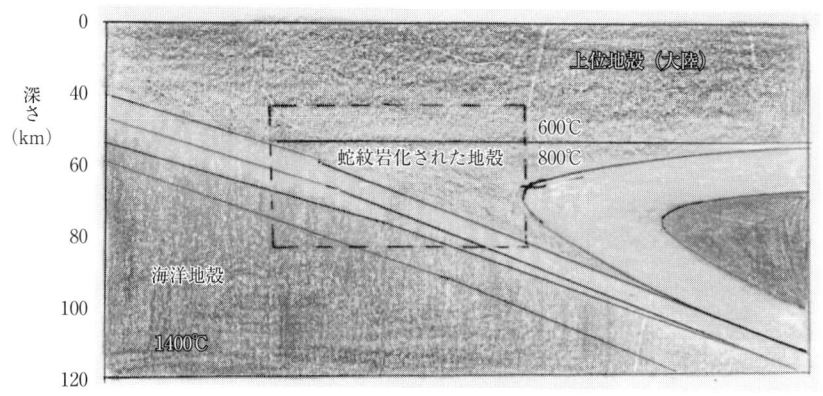

図Ⅵ-3 海洋地殻と大陸地殻の衝突断層と蛇紋岩の誕生
(Bostock et al. *Nature* 一部改変)

大陸地殻と海洋地殻が衝突する．30-80 km の深いところで大陸地殻の先端は沈み込む海洋地殻から多量の水が供給され蛇紋岩化する．そのためもろくなり，地震の発生源ともなる．

が禁止されていた．日本で使用禁止が遅れたのは残念なことである．

超塩基性岩はマグネシウムとニッケル，クロム含有率が高く，カルシウムとカリウムが著しく低い．他の岩石に比較して，マグネシウムはほぼ10倍，ニッケルとクロムは100倍の含有率である．このことはこれから風化してできる土壌に強く影響する．また水分が多いか少ないかは岩石の強度に影響する．蛇紋岩の山は至る所で土砂崩れを見ることができる．掘るときは堅く，掘った跡は風化して崩れるため（写真Ⅵ-1），蛇紋岩地帯のトンネルや道路工事は困難をきわめる．

2) 蛇紋岩土壌中の元素分布

表Ⅵ-2には蛇紋岩からできた土壌を粘土鉱物と砂，さらに砂を比重別と磁性鉱物に分けて分析し，どの元素がどの部分に存在するか調べた結果を示した．超塩基性岩はニッケルやクロムの含有率が極端に高い．そこで，これらが岩石のどの部分に入っているか調べてみた．

VI 環境,岩石,土壌

写真VI-1 土砂崩れの激しい蛇紋岩の山

表VI-3 蛇紋岩土壌鉱物別の各種重金属の全含有率（mg kg^{-1}）

元 素		原 土	粘 土	磁性鉱物	重鉱物	軽鉱物
クロム	(Cr)	5,200	250	52,300	82,100	2,200
ニッケル	(Ni)	2,600	2,500	1,370	760	1,700
マンガン	(Mn)	1,080	500	4,030	2,730	500
亜鉛	(Zn)	170	280	1,610	456	180
鉄	(Fe)	71,000	75,000	367,000	137,000	113,000

注）分解はアルカリ溶融法による．定量は原子吸光光度法による．
磁性鉱物は磁石で採取し，そのあとブロモフォルムで比重2.9（ρ2.9）で軽鉱物と重鉱物に分けた．

表VI-3からもわかるとおり，ニッケルは各鉱物にほぼ均等に含まれるが，クロムは磁性鉱物や重鉱物で極端に高い．特に蛇紋岩土壌では小さなススのような黒い塊があって，それを取り出してX線マイクロアナライザー（わずか500μm四方の分析が可能）で分析してみると7～8割がクロムで，ほかは鉄とマンガンであった．クロマイトの塊である．このような土壌中での存在形態は溶解度にも影響している．ニッケルは比較的容易に溶解するのに対し，クロマイトは硬い鉱物で，アルカリ溶融法でも簡単に溶けない．そのため，クロムは

超塩基性岩に高濃度に存在しても，この風化土壌ではほとんど溶けない．

4. 石　灰　岩

　現在，陸地においても超塩基性岩地帯は海の底にあった石灰岩の山と比較的近いところで観察されるのもその成り立ちを見ると理解できる（夕張岳とキリギシ山）．チョモランマのような高い山でも石灰岩をはさんだバンドを見ることができる．写真は日本山岳会会員の三浦勝幸氏の提供による（写真Ⅵ-2）．石灰岩の山は国内でも見ることができるが，写真（キリギシ山）のように切り立った独特の形をしている．

　石灰質堆積岩には炭酸カルシウムからなる石灰岩（limestone）と炭酸カルシウムとマグネシウムからなるドロマイト（苦土石灰：dolomite）がある．また，中間的な組成のものもある．生物遺体を多く含んでいる石灰岩を生物源石灰岩という．

エローバンド：海の石灰岩がせり上がった（エベレスト，中国名チョモランマ）三浦勝幸氏提供

キリギシ山－石灰岩の山は長年月の雨や氷で削られ，独特の容姿をしている

写真Ⅵ-2　石灰岩の山とチョモランマの石灰の帯

5. 火山噴出物

1) テフラ（火山噴出物）

火山噴出物には火山灰と火砕流などがある．火山灰は高く吹き上がり，風によって運ばれるため落ちた粒子は均一になる．水に運ばれる川の砂と同じである．これに対して，火砕流は噴火口からあまり高く上がらず，流れるように拡がるので，さまざまな粒子が混在する（写真Ⅵ-3，支笏湖の火砕流）．

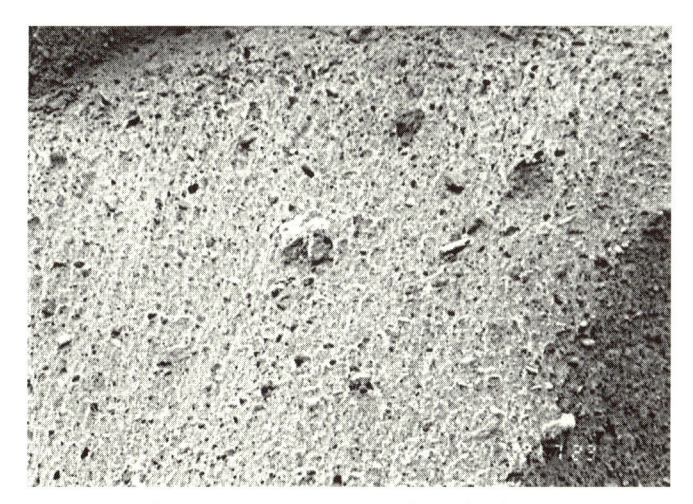

写真Ⅵ-3 火砕流は大小さまざまな礫が含まれる

また，堆積量も桁違いに多い．写真Ⅵ-4はフィリピン・ピナツボ山の泥流である．標高約1,500 mの山は無くなり，多量の火山灰や火砕流堆積物は泥流となって，下流の流域を埋め尽くした．

火山灰，火砕流などをあわせてテフラ（火山灰層）と呼んでいる．

2) 一次鉱物

多くの新しい火山灰は風化をしておらず，岩石と同じように粘土鉱物になる前の一次鉱物である．ここで樽前山の一次鉱物を幾つか示す．Ta-aは1739年に樽前山が噴火した時の火山灰である．（火山灰の命名はその火山の頭文字

ピナツボ火山

火砕流

写真Ⅵ-4 フィリピン・ピナツボ火山の泥流－火山から約 15 km, 標高 1,500 m の山は消えた

のあとに「—」を入れて，新しい火山灰から「a, b, c ···」と付ける慣しとなっている）．この火山灰を過酸化水素で有機物を分解し，水洗いをして，砂の部分を取り出し，これを比重 3 以下と 3 以上に分け，軽い方を軽鉱物，重い方を重鉱物とした．比重の分離はブロモホルムという比重（ρ）2.9 の液体を使って，浮く鉱物と沈む鉱物を分けてから調べた．

まず，軽鉱物を写真Ⅵ-5 に紹介しよう．上の写真では，あまり色の付いた鉱物はなく，含まれる主要鉱物も火山ガラスと長石の 2 つである．

これらの鉱物が何であるかの判定（同定）は鉱物別に拾い出し，X 線回折装置で行った．化学分析でも軽鉱物は長石に多いケイ酸，アルミニウム，カルシウムの含有率が高い．

一方，写真Ⅵ-6 の重鉱物は色彩が豊かである．最も多い鉱物はシソ輝石という鉱物で，紫に近い茶〜薄茶色である．次が薄緑色の普通輝石である．もう 1 つは磁石に付く黒っぽい鉱物の磁鉄鉱である．当然ながら，化学分析では鉄，チタンが多い．また，マグネシウムも多い．

これらの長石，輝石あるいは磁鉄鉱の一次鉱物といわれる鉱物はいくら細かく砕いても長石は長石であり，輝石は輝石である．食塩をいくら砕いても食塩であるのと同じである．一次鉱物は粘土鉱物（二次鉱物）の持つイオン交換能

VI 環境，岩石，土壌

力がない．これらが二次鉱物に変化するには千年単位の長い年月の化学的風化が必要である．この化学的風化で一次鉱物とは異なる粘土鉱物になる．土壌は岩石が粉になっただけでなるのではない．

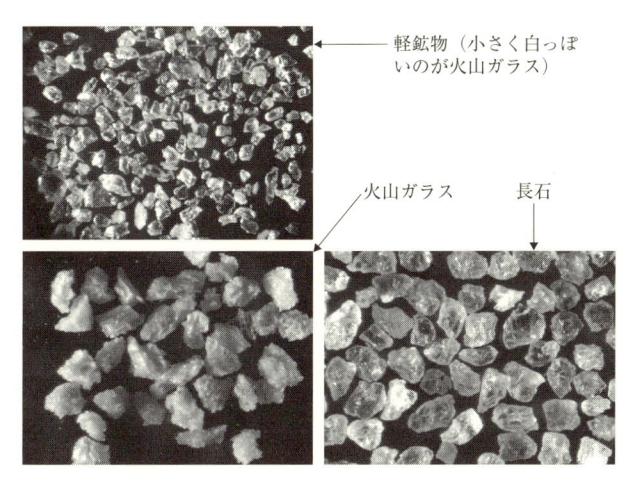

写真VI-5 Ta-aの軽鉱物（火山ガラスと長石）（東北大学　南條正巳博士　提供）

写真VI-6 Ta-aの重鉱物（主な鉱物はシソ輝石，普通輝石，磁鉄鉱）（東北大学　南條正巳博士　提供）

3） 飛行機は噴火火山の東側を飛んではいけない

　太平洋を渡ってアメリカに行くときと，帰りでは飛行時間が異なる．アメリカから戻る方の時間がかかる．場合によっては燃料が無くなり羽田や成田より近い千歳空港にやむなく着陸することもある．なぜこのようなことが起こるのか？　それは上空に東に流れる強いジェット気流や北西季節風があるためである．この気流は単にジェット飛行に影響するばかりでなく，春先中国大陸から飛んでくる黄砂（風成塵と呼ばれている）による汚染もこの気流のためである．

　深刻なのは火山が爆発した場合である．1989 年，米国・アラスカ州のリダウト火山の爆発では，火山灰のため飛行中の航空機エンジンが一時停止する事故があった．以前はヨーロッパに行くとき，アメリカ・アラスカのアンカレッジを経由していたのが，現在はその航路がない．火山爆発のためである．

　火山灰もこの風に乗って東に流される．重鉱物は大部分が百キロ以内に落下するが，軽鉱物は何百キロにも及ぶ．写真にもあるとおり，火山ガラスや長石が多い．このような固い砂がエンジンに入ると非常に危険である．これを回避するには噴煙の東側に回らないことである．

6. 堆 積 岩

　砂岩，泥岩：堆積岩は海や湖沼，河川などの底に堆積したいわゆる底質や空気の作用で堆積してできた岩石である．地中深くになり，著しく高い温度の条件で変成を受けた場合は変成岩に入る．砂礫の堆積でできた砂岩，泥が堆積してできた岩石を泥岩や泥質岩というが，これらが薄く層状にはがれるようになっている場合はあたかも本のページ（頁）をめくるようであるので，頁岩（けつがん）という．

　堆積岩はその成り立ちから，一次鉱物ばかりでなく，二次鉱物のカオリン族やモンモリロナイト族，イライトなどの粘土鉱物も運ばれて混入している．そのため，これらの成分は堆積した鉱物（有機物や生物遺体も含む）によって異なる．ある地域の平均的な土壌成分を把握するにはその地域を流れる河川の底質を使うのが無難である．

7. 粘土鉱物

1) 風化と土壌化

　環境の大きな要因である粘土鉱物は岩石の風化によって生成される．たとえば岩石は一次鉱物である石英，雲母や長石などの均一な化合物が幾つか集まってできた不均一な集合体である．この岩石に含まれる幾つかの一次鉱物が風化して二次鉱物の粘土鉱物ができる．

　岩石の風化には物理的風化と化学的風化がある．物理的風化には凍結に伴う水の体積変化による岩石の破壊や水に流されるときの粒子同士の衝突，あるいは氷河のそこでこすられてすりつぶされるなどの様式がある．そのため氷河の通り過ぎた跡はすり鉢の底のように丸みを帯びる．氷河の末端には氷河で押し出された岩屑物や粗い砂などの堆積岩が見られる．これをモレーンという（写真Ⅵ-7）．

氷河で削られたカール（圏谷）　　　氷河の末端にモレーンがある
中国・ウイグル自治区　天山山脈の標高4,000 m付近で

写真Ⅵ-7　氷河に削られた谷間はなめらかな独特の地形となる巨大な物理的破壊が岩石を土壌に変えていく

　これらの岩石はさらに細かくなって砂となり，シルトといわれる微砂となる．シルトは一次鉱物と二次鉱物の粘土鉱物の中間的鉱物である．一般の火山灰は細かくても土壌ではなく，あくまでも一次鉱物である．粒径による土壌粒子の区分を表Ⅵ-4に示す．粘土鉱物の粒径は2 μm 以下である．表面積は同じ重量の粗砂の1,000倍にもなり，わずか1 gの粘土の表面積は23,000 cm^2(2.3 m^2)

にもなる.

表Ⅵ-4 粒径による土壌粒子の区分

区分の名称	国際土壌学会法 (mm)	表面積 ($cm^2 g^{-1}$)	理化学性
粗 砂	2.0 - 0.2	21	土壌の骨格を作り,土壌粒子に隙間を作り,排水をよくする.
細 砂	0.2 - 0.02	210	上に同じ
シルト	0.02 - 0.002	2,100	1) 粗い部分は骨格の役割をし,細かい部分は化学反応に役立つ. 2) 粘着性は無いが,わずかに凝集性がある.
粘 土	0.002以下	23,000	1) 表面積が大きいので,水の表面吸着,イオン交換などの物理化学反応に寄与する. 2) 粘着性,凝集性が大きい.

 砂またはシルトから粘土鉱物に変化する過程は化学的風化による.化学風化の過程では,生物の影響も大きくなってくる.そこには二酸化炭素が水に溶けてできる炭酸あるいは腐植が大きく関わる.それでもこの二次鉱物を含む土壌の化学組成はその母岩の影響を強く受ける.岩石や火山灰の一次鉱物は化学的風化に伴って母材とは全く異なった化合物である二次鉱物に変化する.特に炭酸が作用して化学的風化は促進される.その一例を示す(北野,1976).

$$2KAlSi_3O_8 (正長石) + 2CO_2 + 3H_2O = Al_2Si_2O_5(OH)_4 (カオリン) + 2K^+ + 4SiO_2 + 2HCO_3^-$$

 すなわち,長石2分子から1分子のカオリンが生成され,水溶性のカリウムとケイ酸が放出される.元の長石の約1/2弱のカオリンとこれに匹敵する水溶性ケイ酸と14%の可溶性カリウムが放出される.このように種類にもよるが,一次鉱物の1/2～2/3の二次鉱物の粘土鉱物ができる.

2) 粘土鉱物とは

一次鉱物が風化してできる二次鉱物の粘土鉱物はやはりケイ酸アルミニウムを主とする化合物である．この化合物は種類も多い．どのような粘土鉱物になるかはさまざまな条件によって変わる．粘土鉱物は結晶性であるスメクタイト（モンモリロナイト），イライト，バーミキュライト，クロライトあるいはカオリナイト（カオリン）などのほか火山灰の風化で生成される非結晶性のアロフェンなどである．

岩石や粘土を構成する鉱物種の確認は岩石薄片の屈折率を利用した偏光顕微鏡による観察やX線回折装置によるピークの有無などで確認（同定）する．粘土鉱物の種類によって土壌の性質も大きく変わってくるため，粘土鉱物を知ることは土壌の性質あるいは土砂崩れなどの物理的性質を知る上でも重要である．X線回折装置による鉱物同定の概略を次に示す．

3) X線による粘土鉱物の同定

採取された土壌試料は風乾後過酸化水素で有機物を分解し，超音波などで粘土を水の中で分散して粘土を採取する．採取した粘土鉱物は鉄の除去や洗浄を繰り返し粘土の精製をする．この粘土を塩化カリウム，塩化マグネシウムあるいはさらにグリセロール処理をしてカリウムやマグネシウムで飽和しサンプルを作る．さらに熱処理など処理をした粘土も作り，5種類の異なった前処理をした粘土を鉱物用スライドに添着しX線回折装置にかける．

結局1点につき5種類のX線回折図が得られるが，粘土鉱物の種類と前処理の組み合わせによってピークの位置が変化する．そのピークの現れ方から鉱物種を判定する．図VI-4のような回折図が得られる．たとえば，図VI-4はマグネシウム飽和の粘土であるが，ここには結晶を持たないアロフェンと波長7Åと14Åにピークが現れる結晶性粘土鉱物であるクロライトのX線回折の多重記録である．

粘土鉱物の同定技術は複雑な操作と長時間を要する作業であり，これらの技術は先人たちの長い研究過程で確立された（和田光史，1966）．粘土鉱物あるいは岩石などを構成する鉱物種の同定することは野外調査の重要な項目である．先人たちの確立した貴重な技術を引き継いでいきたいものである．

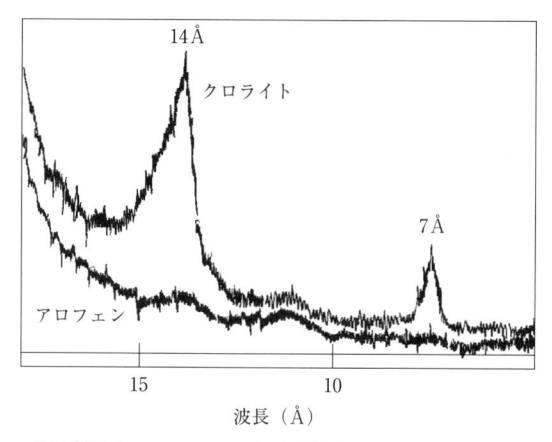

図Ⅵ-4　非晶質粘土のアロフェンと結晶性粘土のクロライトのX線回折図

4）陽イオン交換容量

粘土鉱物の違いはそれを含有する土壌の性質も左右する．土壌特有の性質である陽イオンを保持する力は粘土化してはじめて備わる．この一次鉱物にほとんどない陽イオン交換容量（CEC）も二次鉱物の種類によって異なってくる．陽イオン交換容量とは陽イオンを保持する容量である．イオン交換とは図Ⅵ-5に示したように，粘土鉱物の表面は陰電気を帯びていて，そこに陽イオンを吸着させる．陽イオン容量の表示には各種陽イオンを水素イオンの重さ，すなわち，1molが1gである．もし，各種陽イオン，Ca^{2+}, Mg^{2+}, K^+などのイオンの数の総数（2価イオンは2個として計算）が水素イオンとして土壌1kg当たり100 mgあるとすると，当量に換算し，100 me kg^{-1}と表示する．

イオン交換とは，粘土鉱物の陰電気が陽イオンで中和されているところに，結合力の強い陽イオンが入ってきたとき，図Ⅵ-5の右側のようにイオンは入れ替わり，先に吸着されていたイオンははじき飛ばされて土壌溶液に出る．これは粘土コロイドや土壌中の有機物も同じような働きをする．この陽イオン交換容量のために，土壌に入れた肥料はあまり流れず保持され，また，土壌の酸度であるpHも大きく変わらない緩衝力を示す．なぜなら，酸度の原因である水素イオンは土壌との結合力が強く，すぐ土壌と結合するため，結合した水素イオンは酸として働かないためである．このような作用は一次鉱物にはほとんどない．

VI 環境，岩石，土壌

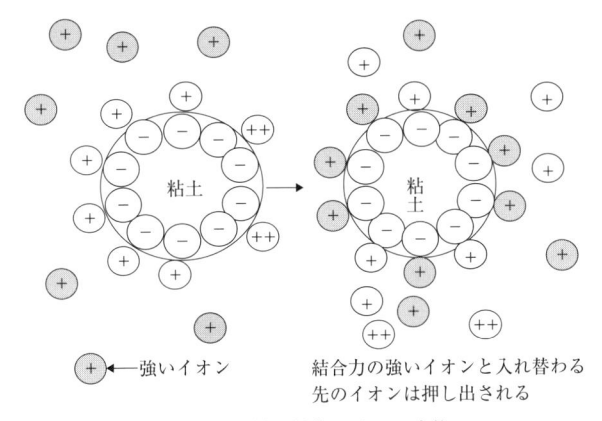

図VI-5 粘土鉱物のイオン交換

（図中）＋←強いイオン　結合力の強いイオンと入れ替わる先のイオンは押し出される

陽イオン交換容量（CEC：Cation Exchange Capacity）は粘土の種類によって大きく異なる．スメクタイトの一族であるモンモリロナイトのCECは800〜1,500 me kg^{-1}と大きく，カオリナイトのそれは30〜100 me kg^{-1}と小さい．ハロイサイトは100〜400 me kg^{-1}，バーミキュライトは1,000〜1,500 me kg^{-1}である．したがって，肥料持ちの悪い土壌にはあえてスメクタイトのような粘土鉱物を施用して肥料の保持力を高める場合もある．

スメクタイトやバーミキュライトは塩基飽和度が低下して酸性になった場合に交換性アルミニウムが高くなり，作物に酸性障害を与える場合がある．これに対し，アロフェンは塩基飽和度が低い場合でも作物に有害なアルミニウムは出てきにくい（庄子，1973）．

5） 粘土の生成

新しい火山灰は岩石と同じくほとんどが一次鉱物からなるが，有珠山の火山放出物は最初から明らかな二次鉱物のスメクタイトを含む．これは噴火前に火口付近で風化してできると見られている．

北海道の火山灰土壌の粘土鉱物を調べた結果，アロフェン質火山灰土は新しい層にはなく，千年から一万年を経過した火山灰に多く見られる．特に十勝東部から網走方面でアロフェン含有率が高い．年代のきわめて古い火山灰では結晶性の粘土鉱物が増大する．おそらく微粒子のため急速に風化する火山灰では

さきに非晶質のアロフェンが生成され，それが徐々に結晶性の粘土鉱物に変わっていくためであろう．

火山灰土壌では盛んに風化が進むが，この証は河川水に現れてくる．一次鉱物は風化して 1/2 近い粘土鉱物とそれと同じ量の可溶性ケイ酸（SiO_2），その他の可溶性成分になるが，ケイ酸は電気的に中性であるために地下水に溶けて河川水に出てくる．そのため火山灰地帯の河川水は著しくケイ酸含有率が高い．この溶け出てくるケイ酸の量からその地帯の粘土生成量の積算が可能である．日本における年間の平均粘土生成量は 1,000 m^2 当たり約 30 kg と見積もられているが，新しい火山灰地帯では 100 kg 以上にもなる計算値が得られる．可溶性ケイ酸と同時に，可溶性養分も放出され植物の栄養になる．

6） 山崩れと地下水成分

盛んに風化の進んでいるところでは，図Ⅵ-6 からも明らかなように多量の炭酸水素イオンが地下水に出てくる．炭酸水素イオン（HCO_3^-）の存在は，風化促進の目安である．したがって，地下水の炭酸水素イオン濃度は山崩れなどの警告でもある（北野，1976）．炭酸によって岩石が盛んに風化しているところでは土壌化が進んでいるからである．農地に堆きゅう肥などの有機物を施用することはそれに含まれる養分のほかに，未風化の砂礫を風化し，養分の溶出と新しい「土作り」をするので，農用地の永続的な養分供給に大きく影響する．このことは農芸化学，有機化学の創始者であるリービヒが古くから指摘し

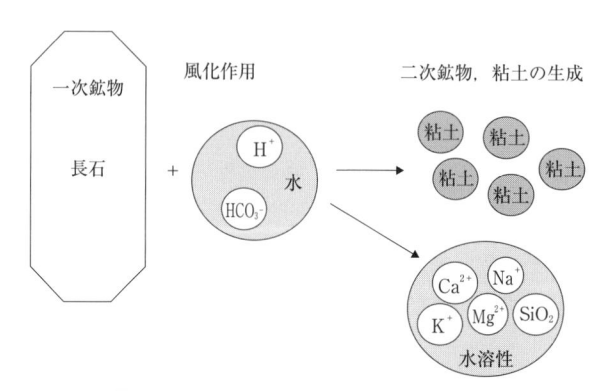

図Ⅵ-6　一次鉱物から二次鉱物ができるまで

ていたことである.

7) 土壌の形成

単粒構造と団粒構造：土壌は粘土そのものだけではない. これに生物が関与し, 有機物が加わってはじめて生産的な土壌となる. 粘土鉱物ばかりの土壌は写真Ⅵ-8のように固く, 水も通さない. このような土壌を単粒構造という.

写真Ⅵ-8 単粒構造でびっしり詰まった粘土鉱物の土は硬い, わずかに水道があり, 黒いマンガン斑は排水の悪さを示す.

有機物が加わり, 土壌昆虫や植物の根が張り巡らされた土壌は小さな空間がたくさんあり, 水も空気も通じる団粒構造となる. 単粒構造と団粒構造の違いの模式図を図Ⅵ-7に示した. 団粒構造には小さな空間が無数にあり, ここに水分や空気が蓄えられる. 植物の根には養分ばかりでなく, 水も空気も必要なのである.

毛細管と毛管水：土壌断面には植物の根, 土壌昆虫などの通った孔が沢山見られる. 直径1mmくらいの孔はパイプのような孔なので, 管孔という. さらに小さな孔は針孔という. 針孔は土塊を持ち, 体などで少し日陰を作って見ると確認できる. これらの小さな孔は排水ばかりでなく, 干ばつの時, 下層から

水分をひき上げるのに重要な働きをする．このような水を毛管水という．引き上げられる水の高さは毛細管の太さで決まる（図Ⅵ-8）．毛管水の高さ（h）には一定の法則がある．毛細管の直径の太さを（D）とすると，

$$h = 30 \text{ mm} \div D$$

となる．たとえば D＝10 mm の管では 30 mm÷10 mm＝3 mm であるが，D＝0.1 mm では水は 30 cm も上昇する．これで，土壌中の小さな孔が如何に大切かわかる．

土壌の無数にある径の小さな孔隙は毛管水の上昇に重要な働きをする．径の小さい針孔は深いところからの水分引き上げに働く．このような針孔は植物の毛根ばかりでなく，有機物が分解して発生する二酸化炭素でもできる．それは食パンを作るとき，イーストなどのパン種を入れたときと同じである．写真Ⅵ-9

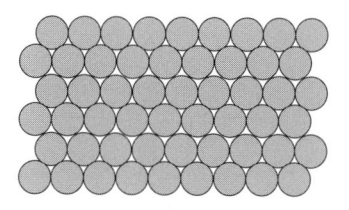

単粒構造（斜列）（孔隙25.95％）

単粒構造は孔隙が少なく，そのため排水が悪く，水持ちも悪い．

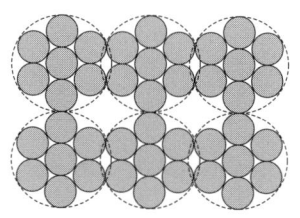

団粒構造（孔隙61.22％）

団粒構造は有機物があってできる．排水良好で水持ちもよい．

図Ⅵ-7　土壌粒子の配列と孔隙率

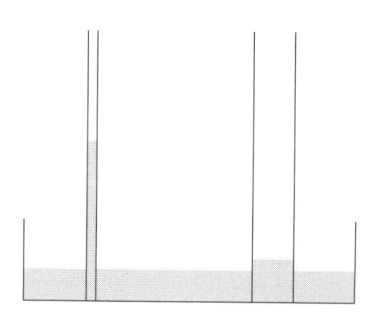

管が細いと水は上るが太いと水は上らない

図Ⅵ-8　毛管水の上り方

Ⅵ 環境，岩石，土壌

有機物を含み，管孔，針孔も多い植物の根も入りやすく，水通しもよい

火山灰を含み，針孔も多く，植物根の入り，水の給排水のよい土壌

写真Ⅵ-9 有機物や火山灰を含み，植物根が入りやすく，給排水のよい土壌

には団粒構造の土壌で，給排水のよい土壌を示した．

8) 土壌成分の溶解

農学関係の研究者にも土壌に触れずに研究に携わる人たちが増えてきた．このような人たちのなかで，土壌に含まれている成分が土壌溶液にも同じレベルで溶け出すと勘違いをして，水耕栽培の研究で土壌と同じ水準に対象成分濃度をする場合がある．しかし実際には土壌による吸着現象があり，土壌溶液に溶け出すのはごくわずかでしかない．そこで土壌学や植物栄養学では，土壌中に存在する成分の全含有率よりも，その中から植物に吸収される養分がどのような形で存在するか長い間研究されてきた．

最も植物の吸収と正の相関がある形態の成分を可溶性成分あるいは有効態成分として取り扱ってきた．これらの有効態成分は全含有率と相関のある場合もあるし，図Ⅵ-9の銅のように，全く相関のない場合もある．図Ⅵ-9の全銅含有率は土壌を完全に溶かして分析したものであり，可溶性銅は土壌10gに対し，0.1 M 塩酸50 ml で抽出される銅の土壌当たりの含有率である．

0.1 M 塩酸可溶の成分は土壌汚染防止法が制定されてから全国的に統一された分析法である．0.1 M 塩酸は pH がほぼ1であって，この中には当然水素イオンが 0.1 M 存在する．土壌から溶け出す陽イオンの成分はこの水素イオンに見合うだけしか抽出されない（水野，1976）．したがって銅より溶け出す陽イオンが非常に多い条件では，銅はほとんど溶出しない．

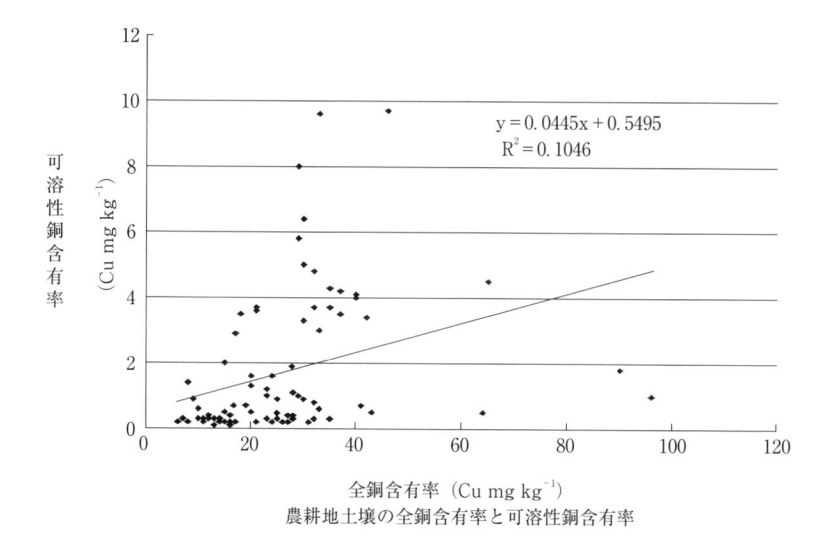

図Ⅵ-9 農耕地土壌の全銅含有率と可溶性銅含有率の関係

表Ⅵ-5 亜鉛と銅の土壌別全含有率と 0.1 M 塩酸可溶含有率

土壌の種類	亜鉛			銅		
	全含量 (mg kg^{-1})	可溶性 (mg kg^{-1})	可/全 %	全含量 (mg kg^{-1})	可溶性 (mg kg^{-1})	可/全 %
火山性土（十勝）	62	3.6	5.8	25	0.5	1.9
火山性土（有珠）	87	5.2	6.0	35	4.3	12.2
低地土（全北海道）	75	5.3	7.1	28	1.9	6.8

注）火山性土＝黒ボク土，低地土＝沖積土．
全含量＝950℃のアルカリ溶融法で溶かし，ケイ酸を除去し，原子吸光光度法で定量した．

表Ⅵ-5にも示したように，全含有率に対する可溶性成分は土壌によって大きく異なる．北海道有珠山の火山灰は，爆発して降灰した直後からでも低地土（沖積土）のような高い作物生産性のあることが知られる．亜鉛ではあまり土壌間差が無いが，銅は土壌によって大きな違いがある．

土壌を 0.1 M 塩酸で抽出すると，土壌の成分は溶液中の水素イオンと置き換わって溶けてくる．0.1 M とは 100 ミリグラム当量/L（meq. L^{-1}）の水素イオンである．当然ながら土壌養分の溶出に伴い溶液の pH は上がってくる．十勝の火山性土は可溶性アルミニウムやカルシウムの溶出で，抽出溶液の pH は 3 付近まで上昇する．

pH 3 とは 10^{-3} M であるから，1 ミリグラム当量/L であるので，水素イオンは 1/100 まで消耗したことになる．それに比べて有珠の火山性土や低地土では pH 1.3 程度にしかならない．pH 1.3 とは $10^{-1.3}$ であるから，50 ミリグラム当量/L であるので，水素イオンは半分しか消耗していない．そのため，イオン化傾向の小さい銅でも充分溶出する余裕がある．

一般の土壌からの銅溶出は溶液の pH が 3 以上ではほとんどない．腐植含有率が 10 ％以上の多腐植質火山性土では pH 2 以上ですでに銅は溶出しない．これは土壌中の銅が腐植と結合している証拠でもあろう．

以上述べた土壌中の銅の溶出は土壌からの養分溶出を考えるときのよい例となろう．すなわち，植物や作物にすれば有害な土壌成分の溶出が無く，必要な成分のみ溶け出してくれれば最もよい．生産力のある新しい低地土はそのような土壌である．作物に必要な養分が多く存在することと，供給力とは異なるよい例であろう．

9) 粘土はなぜ濁りの原因となるのか

雨上がりの水たまりは濁っている場合が多い．子供の好きな遊び場の 1 つである．一方，海の水は水害などで濁流が流れ込んでも速やかに澄んだ水となる．子供の時，実に不思議な現象と思った．この理由は図VI-10 に示した．

顕微鏡で見えないような微粒子をコロイドというが，粘土は微粒子でコロイドとして扱われる．この粘土コロイドは粒子の表面がマイナスの電気を帯びていて陽イオンが吸着されていて中性となっている．塩類の少ない希薄な溶液ではコロイドと陽イオンの間に多量の水分子が存在し，コロイド粒子はバラバラになり，なかなか沈まない．ここに何かの溶けやすい塩類が入ってくると，粘土コロイドは陽イオンと近寄りコロイド粒子との間に凝集力が作用しやすくなって沈殿する．海水中ではナトリウムイオンなど沢山の塩類が存在するので，たちまち凝集し濁りは収まる．水たまりでも，あるいは水田の濁りにも食塩や

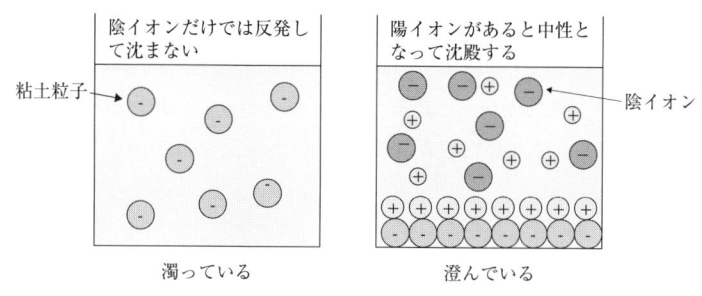

図Ⅵ-10　粘土で水が濁る理由

肥料などを散布するのと同じ現象が見られる．

10）　蛇紋岩粘土はなぜ地滑りするか

蛇紋岩風化物でできた粘土は地滑りを起こしやすい．この地帯の土木工事は困難をきわめるのが常である．その理由は粘土の特性にある．

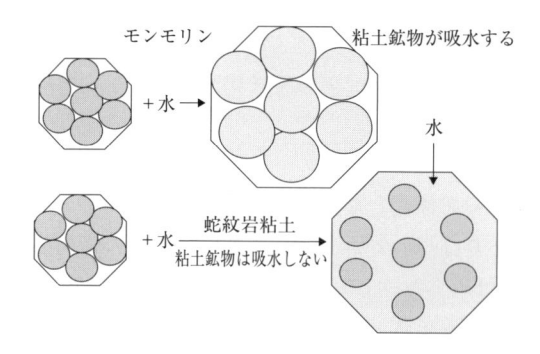

図Ⅵ-11　蛇紋岩粘土でなぜ地滑りをするか

　一般の粘土は水分が多くなると粘土そのものが水を吸収して膨れる．しかし，蛇紋岩粘土は水を吸収せず，水は粘土を互いに引き離す結果になり，粘土層は滑りやすくなる（図Ⅵ-11）．
　粘土と一口でいうが，その種類によって性質が大きく異なる．地震による災害あるいは豪雨による災害を考えるとき，その対象地帯の粘土鉱物を知ることは人命にも関わる重要性を持っている．

VII 生物と環境

　生物が発生した太古の時代から，生物は緯度や標高，地理的条件で棲み分けをし，また気候と母岩で変わる土壌条件などの環境に合わせて進化してきた．

1. 超塩基性岩地帯

1) 特生植物の宝庫

　特生植物とはある特定の地域のみ成育する固有種である．地球にすればほんの表皮にすぎないわずか数十メートルあるいは数百メートルの地質の違いが，そこに成育する植物の分布を大きく変える．そこには大地が織りなす大自然のドラマがある．世界中の超塩基性岩地帯はそのような特殊な地帯である．そのため超塩基性岩地帯は科学者のみならず多くの自然愛好者を引きつけてきた．しかしそのような環境も1万年や2万年の短い歳月でできたのではない．何百万年以上の歳月をかけて自然が作り上げてきた特殊な地帯である．

　生態系とはそれぞれの生物が成育し，あるいは生息する環境に適応して分化・進化し，遺伝的にも固定されてできた系をいう．その典型的なのがその地域のみの固有種である．超塩基性岩にのみ成育する植物を超塩基性岩特生植物，あるいは超塩基性岩植物（蛇紋岩植物）と呼んでいる．一般的な土壌の化学性と大きく異なる組成を持つ超塩基性岩（蛇紋岩，カンラン岩）由来の土壌地帯の生態系ほど特有の生態系は他に見あたらない．日本には北海道のアポイ岳（カンラン岩），夕張岳（蛇紋岩），岩手県の早池峰山（カンラン岩）などはそれにあたり，有名な高山植物の山となっている．

2) 悪条件が特生植物を生む

超塩基性岩はそれぞれの地域特有の特生植物の存在することでも知られる．日本には多様な超塩基性岩特生植物が多数分布することで世界的に知られる (Brooks, 1993)．北村 (1957) はこの日本の超塩基性岩植物として 21 科 63 分類群（植物種）をあげている．堀江 (2002) はこれにさらにナンブイヌナズナとジングウツツジを加え，22 科 65 分類群を提案している．この 65 分類群のうち，北海道の超塩基性岩植物では 46 分類群があげられており，そのうちの 44 分類群が北海道の固有種である（写真Ⅶ-1，Ⅶ-2 参照）．

共通する特徴は近縁種または母種から地理的に離れて分布し（隔離分布），限られた地域にのみ適応，分化し，形態的には葉の毛が無くなり，照り返しのする細く小さな葉（無毛化，狭葉化，矮小化）になる．特に葉の裏は紫色に変わり，葉の表面は光沢を帯びているのが特徴である．なぜこれらの植物の形や色がこのようになるか明らかにされていないが，この特徴は特殊土壌のために，植物の密度が極端に少なく，強烈な光や風雨に曝されることと無縁ではあるまい．

さらに詳しく見ると，これらの植物の中にはテシオコザクラのように，北海道北部の超塩基性岩地帯のみに成育するもの，あるいはシソバキスミレ，ユウバリアズマギクのように夕張岳のみにしか成育しないというように超塩基性岩ならどこでも同じように観察されるというものではなく，特定の地域の固有種であるのもこの特徴である．超塩基性岩地帯の植生を特徴づけているのは固有種ばかりでない．本来高山にしか見られないハイマツなどが標高の低いところまで降りてくる．たぶん，競合する植物がないことによるのであろう．

なぜこの超塩基性岩地帯に特生植物が多いのか？ それはこの風化土壌が一般の植物生育に適さないためである．写真Ⅶ-1 でもわかるとおり，氷河期が去って約 1 万年以上経過するカナダの超塩基性岩地帯では，いまだほとんど植物が成育していない．1 万年程度の短い期間では，植物は特殊な土壌に適応できるまで進化できなかった．これは何もカナダに限ったことではなく，ニュージーランドでも，その他の地帯でも観察できる．写真Ⅶ-1 にはニュージーランド南島での写真を示した．

3) 環境に適応するには長い年月が必要

1 つの種が誕生するにはほぼ百万年の年月が必要といわれる．幸い先にあげ

Ⅶ 生物と環境

タカネグンバイの気孔周辺のニッケル集積
超塩基性岩特生植物でないが夕張岳では超ニッケル集積植物

テシオコザクラ
道北の超塩基性岩地帯の特生植物－絶滅が心配されている

超塩基性岩（蛇紋岩）

ニューファンドランド（カナダ）奥のテーブルマウンテンが超塩基性岩，植物がない．手前はガブロ（ハンレイ岩）

夕張市清水沢からみた夕張岳

ニュージーランド南島の"赤岳"
超塩基性岩で植物は無い．手前は異なる地質－Dr. Brooks 提供

写真Ⅶ-1 超塩基性岩の山々と植物

た日本の超塩基性岩地帯は氷河期にも氷で覆われることもなく，それぞれの場所において独特の進化をとげてきた．そのため夕張岳やアポイ岳のようなすばらしい高山植物の宝庫となった．

2. ニッケル超集積性植物

超塩基性岩地帯では，ニッケル超集積性植物が見いだされている．ニッケル超集積性植物とは乾物当たりのニッケル含有率が 1,000 mg kg^{-1} 以上の植物をいう．日本では北海道の夕張岳に成育するグンバイナズナ属（$Thlaspi$）のタカネグンバイ（$Thlaspi\ japonicum$）のみがこれに当てはまる．グンバイナズナ属の 15 種（分類群）がヨーロッパ南部，地中海東部，北アメリカ西部の超塩基性岩地域などでニッケル超集積性植物として報告されている．世界のグンバイナズナ属の約 1/4 に相当する．このなかでも，トルコやシリア産の $Thlaspi\ oxyceras$ はニッケル含有率が 3,000〜36,000 mg kg^{-1} ときわめて高い．また，このグンバイナズナ属の分布域は北緯 35 度から 45 度に集中しているのも興味深い．

北海道のタカネグンバイは超塩基性岩特生植物ではなく，石灰岩のキリギシ山，礼文島，札幌の天狗岳，奥尻島などにも分布する．ニッケル含有率の高い蛇紋岩土壌に栽培すると同様にニッケルを集積する性質を持っている．残念ながら，これらの研究のための植物の採取は禁じられており，採取には環境省などそれぞれの関係機関の許可が必要なこと，ヒグマや険しい地帯に入らなければ得られない．その中でも現地でニッケル超集積状態の見いだされるのは夕張岳のみである．

タカネグンバイの中でニッケルは結晶状で存在し，特に葉の裏側表皮に多く集積する（Mizuno et al., 2003）．これらニッケル超集積性植物の生理的メカニズムはまだ完全には解明されていない．

3. 石灰岩地帯の生態

石灰岩地帯も超塩基性岩地帯と同じく土壌 pH が 7 以上の中性からアルカリ性である．ただし，超塩基性岩の土壌と異なりマグネシウムはあまり高くな

く，当然ながらカルシウムが高い．カリウムも含め土壌要素は一般の農地に近い（堀江，2002）．

キタダケソウは超塩基性岩特生植物であるヒダカソウの近縁植物であるが，キタダケソウは南アルプスの北岳山頂直下の石灰岩地帯の特生植物である．先に示したタカネグンバイはいずれの特生植物でもないが，夕張岳の隣に存在する石灰岩のキリギシ山でも夕張岳に存在する同じタカネグンバイが見られる．その他にも超塩基性岩と石灰岩ではその化学組成がずいぶん異なるにもかかわらず，両土壌に共通して見られる植物が報告されている．イワウサギシダ，ヒエスゲ，タカネナデシコ，ヒロハノヘビノボラズ，ヒメナツトウダイ，ミヤマハンモドキ，イブキジャコウソウなどである．

4. ニッケル過剰障害への対策

蛇紋岩地帯では多量に含有されるニッケルが作物成育の障害となっている（写真Ⅶ-2）．この対策に世界中で研究がなされた．作物のニッケル障害は土壌から比較的簡単に溶け出す交換性ニッケルと密接に関係する．交換性ニッケルは土壌pHの低下で増大し，高pHで低下するので，炭酸カルシウムの施用はpHの矯正と蛇紋岩土壌で不足するカルシウムの補給の両面で効果がある．

超塩基性岩にはニッケルと同程度のクロムも含有されるが，ニッケルのような影響はない．それは先にものべたように土壌中における両元素の存在形態の違いにある．

5. 土壌病害は土壌環境変化で変わる

土壌病害とは土壌を媒介として感染する植物病害である．地上部の植物病害の研究や問題解決の進展に比べて，土壌病害は問題解決が遅れている．土壌病害の1つであり，ジャガイモの表面にかさぶたができる病気でジャガイモそうか病というのがある．食べるには支障がないが，見た目が悪く商品にならず，世界中の生産者を困らせている病害である．

このジャガイモそうか病の病原菌や土壌の発生条件についてはすでに20世紀のはじめにわかっていた．この病害は土壌によって発生度合いが著しく異な

トッタベツ岳（超塩基性岩の一種カンラン岩）
野坂志朗博士

エンバクのニッケル障害
水野直治

キャベツのニッケル障害

ユウバリコザクラ
（夕張岳）

エゾツガザクラ
（夕張岳）

チングルマ（アポイ岳）

写真Ⅶ-2 超塩基性岩地帯にはニッケル過剰も発生するが，
美しい高山植物も多い

るが，発生しない場合の土壌内での抑制因子が何であるか長い間解明されなかった．抑制因子がアルミニウムイオンであることがわかったのは20世紀の終わりである（Mizuno, Yoshida, 1993）．

　この研究の依頼を受けて文献を調べ気が付いたことは，多くの土壌要素と発病の関係が研究されていたにもかかわらず，アルミニウムイオンとの関係が検討された文献は見いだされなかった．土壌研究者あるいは化学者であればpHと関係が深い成分として，また生物抑制力の強い因子であれば当然アルミニウムイオンに注意がいくはずである．長い間，そこに関心がいかなかったのは科学研究が細分化されてきたことに原因があったのかもしれない．

　土壌中のアルミニウムイオン活性の尺度に何を使用するかと思いを巡らしたとき，頭に浮かんだのは大工原酸度であった．大工原酸度は交換酸度y1で知られるが，その本体は1Mの塩化カリウムと交換されて出てくるアルミニウムイオンである．

　交換酸度y1は土壌調査報告書には必ず載っている項目である．交換酸度y1は1910年に酸性土壌改良のために，のちに九州帝国大学総長になった大工原銀太郎博士が西ヶ原の農事試験場在職中に開発した方法である．大工原博士は酸性土壌における植物阻害物質が，土壌中のアルミニウムイオンであること，そのアルミニウムイオンはカリウムイオンなどと陽イオン交換される形で存在することを世界で初めて発見した研究者である．

　そうか病の発病はpHが同じでも土壌によってその発現度合いが異なることから，同じpHでもアルミニウムイオンの溶出が土壌によって異なると考え，この病気の多発土壌とあまり発病しない抑止土壌に分け，pHと交換酸度y1との関係を求めたところ図Ⅶ-3のような結果となった．

　すなわち，そうか病の発生が少ない抑止土壌で，pH 5.3における交換酸度y1は8前後になるのに対し，多発土壌はその1/2程度にしかならなかった．同じレベルに交換酸度y1を上げるにはpHを4.5付近まで下げる必要があった．そして，そのような土壌でも同じ水準に交換酸度y1を上げればこの病害も抑制できることが証明された．

　一方，なぜこのような多発土壌が存在するのか．調べていくうちに土壌によって同じpHでもアルミニウムイオンの放出が土壌によって異なること，その大きな原因が可溶性ケイ酸含有率の高い火山灰由来の土壌のみに含まれる粘

土鉱物の一種であるアロフェン含有率の高い火山灰土壌（淡色黒ボク土）であることも判明した．

このようにどのような土壌でも同程度の交換酸度 y1 にするとそうか病がやはり抑制されることが明らかになったが，土壌の種類によってアルミニウムイオンの溶出は異なる．アルミニウムは元々土壌中に最も多量にある金属元素である．この金属イオンは酸性雨地帯では森林破壊，あるいは湖水の生物絶滅の原因ともなってきた．この特性を利用するのがジャガイモそうか病防除である．

「毒薬変じて薬となる」のたとえで物質の特性を一方的にのみ見てはならないことを教えられる．

写真Ⅶ-3 土壌病害の1つ，ジャガイモそうか病

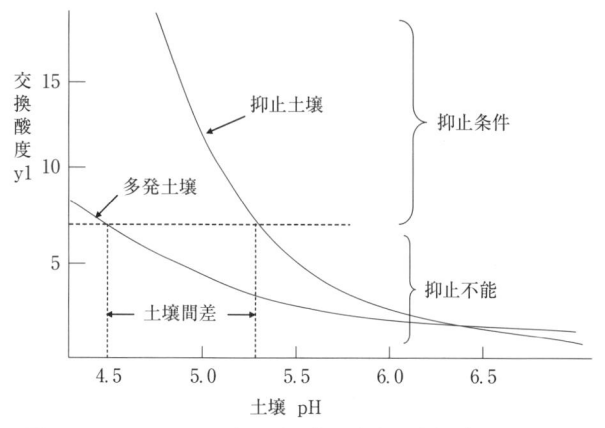

図Ⅶ-1 ジャガイモそうか病の抑止条件と交換酸度 y1 の関係

6. 光

1) オゾンは酸素に紫外線を当てることによってできる

　生物が海から上陸したのは今から約5億年前といわれている．生物が誕生したのは30-35億年前といわれるから，陸上に上がるのにずいぶん時間がかかったことになる．生物の上陸を阻んだのは酸素不足と紫外線の強さである．強烈な紫外線は地上で生物が生活することを許さなかった．

　紫外線から生物を守ってくれるのは上空の薄いオゾン層である．オゾンは酸素が3個からなる分子（O_3）である．殺菌灯の付いた冷蔵庫を開けたとき，少し刺激的な臭いがあるが，それがオゾンである．酸素（O_2）に紫外線を当てるとオゾンができる．オゾンは強い酸化力があるため殺菌力もあり，もちろん，高い濃度のオゾンは人体にも有害である．したがって，酸素のないところでオゾンはできない．この紫外線が当たってできたオゾンが太陽からの強い紫外線を遮断しているのである．

2) 最初の多量の酸素はストロマトライトが作り出した

　地球が誕生した当時の原始の大気は酸素がない二酸化炭素が主成分であった．大気の酸素は生物の光合成によって生み出されていった．初期の光合成は藍色植物の巨大な層状構造となるストロマトライトで行われた．ストロマトライトは糸状の藍藻類で，現在でもオーストラリア西部の塩分濃度の高いシャーク湾で干潮時には海面から露出するといわれる．大気中にある程度酸素が高まった時点から紫外線によって大気中にオゾンが作られた．

3) 紫外線はUV-A，UV-B，UV-Cに分けられる

　紫外線は波長400 nm以下の波長の短い光で，われわれ人類には見えない光である．昆虫類は紫外線で物を見ているといわれる．この紫外線は400〜315 nmをUV-A，315〜280 nmをUV-B，280〜100 nmをUV-Cと区分している．300 nm以下の光は皮膚に特に有害である．したがって，有害な紫外線にUV-Cは入るが，これはオゾン層でシャットアウトされて地上にはほとんど到達しない．

地上に到達する紫外線を見ると，エネルギー的（mJ m²）には UV-B は UV-A の約 1/10 程度であるが，生物に対する破壊力は格段に異なる．UV-A は皮膚が小麦色になる程度であるが，UV-B では火ぶくれができる．

北海道で測定した経験では，本来夏至に最も高くなるはずであるが，むしろ 7 月の雨上がりの晴天に高い値が出現する．これは大陸からの黄砂（風成塵ともいう）の影響であろう．7 月に入ると大陸の多くは植物で地表が覆われ，ホコリが少なくなり，雨で洗われた大気は澄み渡り，紫外線が強くなると考えられる．

4) 植物は紫外線カット物質を持っている

ヒマラヤなどの高山などでは特に紫外線が強く，幾つかの植物で紫外線から身を守るための物資を持っていることが明らかにされている．また，身のまわりの植物をみても，葉の表皮には紫外線カットフィルムが備えられていることが確認される．

身近な植物のムラサキツユクサの例を見ると，若い葉と古い葉では表皮の紫外線透過力は若い葉で高く，日陰と日当りの良い場所では日陰の植物表皮の紫外線透過力が高い．したがって，古い葉で日光に曝されていた葉は紫外線に強い個体となる．春先，植物の苗物を植えるとき，ほ場に出すとたちまち日焼けして枯れる場合がある．これはハードニング（徐々に外の環境に慣らすこと）不足による．花でも作物でもハードニングは重要である．ハードニングは紫外線カットフィルムを植物に着せるための操作かもしれない．

5) オゾンホールの発生は地上生物の死活問題

オゾンは酸化力が強く，毒性の強い物質である．オゾン層は地上 10 km～50 km の高度に分布していて，成層圏の 20 km 付近で最大の分布をする（4×10^{18} 個 $/m^3$）．酸素に紫外線を当ててできたオゾンが今度は紫外線を通さない気体となり，地上の生物を守る．

オゾンホールとはこの上空のオゾン層に穴があいたことをいう．1913 年，フランスの物理学者ファブリーによって，大気上層 10 km から 50 km の間にかなりのオゾン層のあることが発見された．オゾンそのものは有毒であるから，地上ではなく上空にあるのは良いことであり，またオゾン層は太陽からやって

くる生命に危険な紫外線を吸収し，地表面に到達するのを防いでいる非常に有用な存在であることも明らかにした．このオゾン層に穴のあることが1985年にイギリスの南極観測隊によって発見された．実は残念ながら，その前年に同じ現象を日本の観測隊もすでにこのデータを得ていた．しかし，彼らは観測の間違いだろうと解釈し，世紀の発見を逃した．

オゾンホールが南極上空で発見されて間もないころ，植物栄養の国際会議がアメリカのメリーランド州で開催され，大学農場の試験を見学した．そこで見せられたのが紫外線に痛められた大豆であった．そのような症状は通常どこでも観察していたのでショックだった．それと同時にアメリカの研究者がこのような新しい研究にいち早く取り組むのには感心した．日本では，オゾンホールなど遠い世界の話としか考えていない時代であった．

紫外線に著者が関心を持つようになったのは網走の東京農大農場に移ってからである．道央から持って行った花の苗が紫外線で全部枯れてしまった経験から，紫外線の測定をはじめた．まだ気象台も測定をしていなかった．これでわかったことは，札幌周辺の道央圏より網走管内では時々2，3割も紫外線が高くなることであった．測定結果は予想外であった．場所は南極観測隊の犬ぞり訓練をしたことのある濤沸湖の南側である．海岸に行くと日焼けするが，それが紫外線を測定してはじめて実際に海岸線の紫外線が強いことを認識させられた．

また，紫外線の害作用は強度に比例して発生するのではなく，ある水準を超えると急に障害が大きくなる特徴がある．

6) ナスの紫色は紫外線対策

植物の色はいらない光の反射光である．緑の植物に緑の光しか与えないと成育は著しく悪くなる．紫の色は紫外線に近い波長の光である．そこでナスに紫外線カットフィルムで覆えばどうなるか興味を持った．その結果，いきなりほ場に移植したナスは写真Ⅶ-4のように紫外線で焼け，新しい新芽が出るまで成育は停止してしまった．

それに対して紫外線カットフィルムをかけたナス（写真Ⅶ-5）は全く障害が無いばかりでなく，日中フィルムの裾をあけることを忘れて中の温度が40℃近い状態になったにもかかわらず，高温障害も受けずに経過した．普通，

フィルムをかけて作物を高温で枯らしてしまうことがあるが，単に温度のみでなく，紫外線との相乗効果の影響もあるのだろう．

　ナス色素のアントシアニンの可視光線の吸収スペクトルは 527 nm に最大吸光がある．しかしナスの葉抽出液の紫外線吸光度は図Ⅶ-2 のように UV-B の波長に最大吸光がある．それでも紫外線カットフィルムで保護した植物体では，直射日光のもとで育てたナスの約 1/2 の吸光度しか得られなかった．これからいえることはナスの紫色は紫外線を反射するための色であること．したがって，紫外線の弱いところでは当然色素は低下してくる．商品として，色素を重視する場合はこのようなフィルムは不適かもしれない．

　先に示した超塩基性岩地帯の特生植物は葉が小さく厚い特徴がある．また全部ではないが，葉裏の紫色も特徴である．代表的なのがアポイタチツボスミレである．超塩基性岩地帯は植生密度が低く，大きな植物も無いため強い光に曝されるところである．それは上からの光ばかりではない．反射光も強い．紫色をしているのは紫外線対策と考えて間違いなかろう．残念ながら，植物の参考書では形態的な特徴は記されているが，なぜ色が変わるのか言及されているものは見当たらない．

　紫外線の増加は植物のみが影響を受けるのではない．オゾン層が 1％ 減少すると有害な UV-B は 2％ 増加するといわれる．その結果，ヒトの皮膚ガンは 2～4％ 増加すると試算されている．また，遺伝子の DNA は紫外線で傷つきやすい．雪の反射光で紫外線曝露の多いイヌイットではラブラドール（カナダ東部地域）角膜症が生じる．白内障も多発するといわれる．

写真Ⅶ-4　自然光の UV-B による日焼け　　写真Ⅶ-5　UV カットフィルムのナス苗

Ⅶ 生物と環境

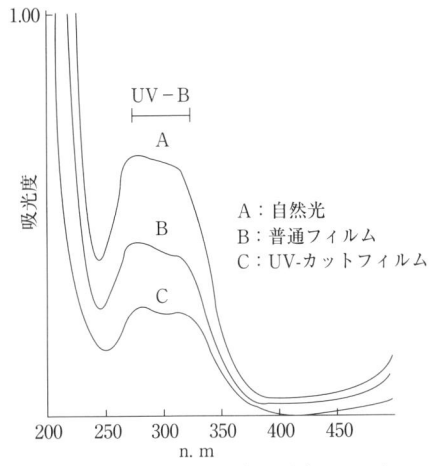

図Ⅶ-2 ナス果実皮抽出液の吸光スペクトル

A：自然光
B：普通フィルム
C：UV-カットフィルム

7) フッ素，塩素，臭素などのハロゲン属がオゾン層を破壊する

オゾン層を破壊する元凶は近代生活に欠かせない冷蔵庫の冷媒，または精密機械の洗浄に欠かせなかった「夢の化学物質」であったフロン=CFC（フルオロカーボン=炭素とフッ素の化合物）とその類似化合物であった．これらが成層圏のオゾン層に入り，次々とオゾンを破壊していく．このオゾンの生成と消滅のメカニズムを次に示す．

生成のメカニズムは 240 nm より短い太陽光の紫外線（$h\nu$）が酸素分子（O_2）に当たると

$$O_2 + h\nu \rightarrow 2O$$ 酸素分子が別れる．別れた原子が
$$O_2 + O \rightarrow O_3$$

となり，オゾン（O_3）ができる．

一方，オゾン消滅の方は次のような行程となる．X = H, OH, NO, Cl とすると，

$$X + O_3 \rightarrow XO + O_2$$
$$XO + O \rightarrow X + O_2$$

となる．オゾンを破壊する X は水素原子，OH ラジカル（水酸化物イオンでない），一酸化窒素（NO），塩素である．NO の供給源は亜酸化窒素（N_2O）で，麻酔の笑気ガスであり，硝酸（NO_3^-）イオンを還元しても生成される．最も

大きい原因と考えられているのが塩素 Cl で，その供給源がフロン*である．

このオゾン層を保護するため，1987年9月にカナダのモントリオールで5種類の CFC と3種類のハロンの規制のための議定書が採択された．自動車，冷蔵庫，電子機器の洗浄などあらゆる重要な分野で使用されていたフロンは早急に代替技術や代替品の開発が求められた．

7. 植物はなぜ緑か

生物環境，光などのことを述べたが，それではなぜ植物は緑なのか考えよう．第1の理由は緑の光が光合成にいらないからである．第2の理由は葉緑素のなかにマグネシウムを持っているからである．

葉緑素は動物の持つヘモグロビンとほとんど同じヘムタンパクの形で，中央にマグネシウムがあるため緑色なのである．赤血球の赤いのはこの中央部分が鉄のためである．ここが銅に変わると青くなる．カニ，タコの血液が青いのは銅を持つヘモシアニンのためである．

8. 生物と環境の関わり―先入観より自然の摂理

ジャガイモそうか病の問題は化学の一応用例である．おそらくまだまだ多くの化学理論や他の科学との組み合わせが今後も現場の問題解決に効果をあげるであろう．問題解決に当たって感じたいくつかのポイントがある．

農業の現場において，農民も指導者も基本的な土壌管理，健康な土壌を作れば病気など発生しないと考えている人たちがかなりいる．特に熱心な人たちに多い．「堆肥を入れ，土壌を中性に保て」と．しかし土壌の微生物もわれわれと同じ DNA を持つ生物であることを忘れている．生物である以上当然アルミニウムイオンなどの有害要素は抑制に働く．一方，アンデス山脈を源とするジャガイモは酸性にきわめて強い作物である．ジャガイモとしてはそのような条件に耐えることで病害に抵抗できるように進化してきたとも思われる．

一方，酸性雨の問題が出てから久しい．ヨーロッパ，カナダでの酸性雨によ

---

* フロン 11 (CCL_3F)，フロン 12 (CCL_2F_2)，フロン 113 (CCL_2FCCLF_2)

る深刻な森林破壊が起こったとき，次に日本にも酸性雨による森林破壊がくると考えた生態学研究者はかなりいたと考えられる．しかし日本ではそれほど深刻な問題は発生していない．これに対して今のところこれらの研究者からの答えはない．日本の土壌の特徴から見ると，アロフェン質黒ボク土が多い．長い間，このアロフェン質土壌がアルミニウム過剰害の土壌と考えられていた期間がある．しかし実際はそうか病の多発でもわかるとおり，酸性になりにくく，可溶性アルミニウムも低い性質がある．

アロフェン質淡色黒ボク土を酸性物質でpHを下げようとすると，他の土壌の2倍から3倍の酸性物質を必要とする．その上，同じpHでも可溶性アルミニウムがきわめて低い．他の土壌よりpH1程度低くならないと同じ可溶性アルミニウム濃度にならない．このようなことからも，この土壌は酸性雨によるアルミニウム障害になりにくいのである．もちろん，非アロフェン質黒ボク土も存在するので原因をすべて火山灰土におくことはできない．

Ⅷ 植物の水と養分獲得戦略

1. 水の吸収

　植物が生育するのに水は欠かすことのできない最優先物質である．植物が水を獲得するためにいかに変化してきたか過去の研究から見てみよう．世界的にも大干ばつの時代があって，そのとき詳細な研究がなされている．スタインベックの小説「怒りの葡萄」は背景にこの干ばつがあった．この時代，世界の研究をとりまとめた本に「旱害の研究」がある．中央気象台技師であり，東京帝国大学農学部講師の大後美保氏によって1943（昭和18年）に発表された．これに記されていることは次のようなことである．

1) 形態上の耐旱性

　外見的特徴：耐旱性（干ばつへの強さ）のある植物はサボテンなどまず体表面を縮小し，球状，針のような葉を持つ．このことはカリフォルニアなどの砂漠に近い地帯の植物を見れば納得する．また，水分蒸発を防止するために体表面はコルク層が厚く，多毛となって水分の蒸散を少なくしている．一方，葉の構造は葉脈が増え，柔組織を発達させ，水の吸引力を増すようになるとともに，細胞が死滅するまで吸引力が低下しない．

　気孔の数：コムギの耐旱性の強い東欧種は耐旱性の弱い西欧種より気孔の数が少ない．
　　[例]　東欧種の平均値 = 74.2（単位不明），西欧種の平均値 = 94.7

しかし，収量生産では，干ばつ条件では東欧種が勝るが，適度な水分条件では西欧種の方が勝るという．同じような結果は乾燥に強いトウモロコシとこれより弱いトウモロコシの比較でも同様な結果が出ている．

細胞の大きさ：小型の細胞を持つ植物は大型の細胞を持つ植物より蒸散量が少ない．また同一作物でも乾燥条件では細胞が小型化し，水分が潤沢な時は大きな細胞になるという．これらは甜菜（砂糖大根）でもトウモロコシでも同じ結果である．

旱害の試験で，干ばつ条件にあった作物に潅水をした場合，急激な成長をするが，最終的にはほとんど収量が同じになることが多い．理由はこのように水分の吸収で細胞が大きくなり一時的に急成長したように見えるためであろう．

貯水細胞：干ばつ時には貯水細胞，茎葉の多肉化，根部の異常発達で水を蓄える．これらの水分は必要部分に移動し消費されるという．

（注：必要かつ重要な部位に水分を移動させるということは重視すべき事項である．岩手県の気仙大工は手に入りやすい材料で家を建ててしまうことで有名であるが，彼らは木材を早く上手に乾燥させる技術を持っている．生木を乾燥させるのは通常何年もかかる仕事であるが，彼らは葉が出てから木を倒し，放置しておくのである．すると木の方は芽や葉を枯らさないために幹の方から水分を送るため，非常に早く木材は乾燥する．）

2）　**植物生理からみた耐旱性**
細胞の浸透圧と耐旱性：植物の高い浸透圧は水分吸収を増大させる．植物の浸透圧は体内の糖含有率で支配される．体内の糖含有率は土壌の塩類濃度（肥料や土壌の可溶性イオン）と比例し，塩類濃度が低下すると植物の浸透圧も低下する．乾燥時の果物が甘いのは天候ばかりでなく，土壌の塩類濃度とも密接に関係している．真夏の雨上がりに，土壌水分が充分であるのに植物が萎れていることがよくある．これは土壌水分が多く，塩類濃度が低下し，細胞の浸透圧が低下したところに真夏の暑さと強い光で蒸散が盛んになったのに，吸水力が追いつかなくなったための現象である．水分が潤沢でも植物が萎れることがあるのはこのためである．

特に化学肥料のみの栽培では，雨による土壌溶液の希釈で塩類濃度は急激に

低下したり，あるいは上昇したり上下変化が激しい．体内糖含有率もこれに伴って上下する．よく有機質肥料を使った場合は果物が甘いといわれる．すべてでないがこれには一理ある．土壌溶液のイオンは陰イオンによって支配される．肥料のみでは塩化物イオン，硫酸イオン，硝酸イオンが主体で，これらは土壌水分によって簡単に上下する．

しかし，有機物が入り，土壌生物によって分解する場合は二酸化炭素が発生し，これが水に溶け込んで炭酸水素イオン（HCO_3^-）の陰イオンになる．有機物に由来する HCO_3^- は流れ去っても次々微生物や土壌生物の活動で生産されてくるので，雨による希釈の影響は小さい．また，土壌の生物が生産するため，塩類障害になるほど高くなることもない．そのため塩類濃度の変化は非常に小さくなる特徴がある．ただし，多量の施用は窒素過多となり，植物体内の糖濃度を低下させる．植物体内では窒素と糖とは反比例の関係にあるためである．

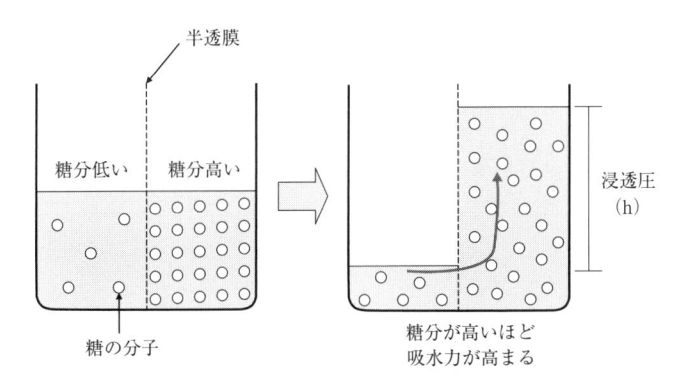

図Ⅷ-1 植物の水分吸収力と体内糖濃度の関係

（**注**：半透膜を透して生じる浸透圧計算式で求めることもできる．概念的には次のように考えるとよいであろう．すなわち，溶液に溶けている物質が砂糖でも食塩(漬け物も同じ現象)でもよいが，これらは半透膜を透さない．しかし，溶液の濃度は同じになろうとするので，半透膜をとおり抜けて水分のみが移動し，半透膜をはさんで圧力差が生じる．半透膜のない溶液に砂糖か塩類を入れておくと，これらは溶液中で濃度差のない分散をする．）

切り花の採取前は断水すること：植物は干ばつ条件にあうと気孔を小さくし，蒸散を抑えると同時に，体内糖含有率を上げて吸水力を上げる．これを一部の農家は質のよい作物や切り花生産に応用している．あるカスミソウ栽培農家が収穫前のカスミソウを徐々に乾燥に慣らし，1ヶ月近くも断水してから出荷している．花からは蜜が溢れ，切り取っても長時間萎れないという．

銅欠乏による吸水力の低下：微量要素の銅の欠乏では，麦類の不稔（ふねん）がよく知られている．コムギでは銅の欠乏によって光合成能力が低下し，体内の糖含有率が著しく低下する．そのため花粉に栄養が行かず不稔となる．さらに，銅欠乏では体内の糖含有率が低いために，吸水力が低下し，気象のわずかの変化で葉がよじれたり，あるいは逆に水分が多く垂れ下がったりする．

写真Ⅷ-1は銅欠乏で体内の糖の含有率の低くなったコムギ（右側）である．体内水分が高く，わずかの気象変化にも対応できずに葉はよじれてくる．

左側のコムギは銅の欠乏で充分光合成ができず，水分が高く糖の含有率は低い．右側は銅の施用で正常になり，糖含有率は2倍ほどになり，乾燥にも強くなった．

写真Ⅷ-1　コムギの銅欠乏による体内糖含有率の変化

2. 養分の吸収

1) 養分の運び屋―トランスポーター

必須元素：必須元素とは生物になくてはならない元素のことである．これは次のように定義できる．

　a．その元素が欠けると完全なライフサイクルが完結しない．
　b．その元素は直接その生物の体内に存在する．

ライフサイクルとは単に生きているということではない．植物であれば種子をつけ，子孫を完全に残せることも条件に入る．

植物の必須元素は現在多量要素（乾物当たりおおよそ 0.1 % 以上）が 9 つ，水素（H），酸素（O），炭素（C），窒素（N），リン（P），カリウム（K），カルシウム（Ca），マグネシウム（Mg），イオウ（S）である．微量要素は鉄（Fe），マンガン（Mn），亜鉛（Zn），銅（Cu），モリブデン（Mo），ニッケル（Ni），塩素（Cl），ホウ素（B）である．ニッケルは最近認められるようになった元素である．動物ではこのほかセレン（Se），ヨウ素（I），ナトリウム（Na）などがある．

選択吸収：植物が養分を吸収するのは土壌から養分が適当に流れて入ってくるのではない．植物が必要な養分を選んで吸収している．すでに超ニッケル集積性植物のタカネグンバイでも示したように，植物の養分含有率は植物種間で大きな差がある．これは植物が必要な養分と不必要な養分を選択的に吸収しているからである．また，体内に入った成分はこれをそれぞれの器官に運ぶ物質も知られている．

これらの物質はトランスポーターといわれる運び屋で，必要な養分を必要な場所に届ける．このトランスポーターは輸送タンパク質といわれる物質からできている．

トランスポーターは植物や養分によって輸送能力の異なる複数の種類が存在していて，養分が豊富なときは効率の悪いポーターが担い，不足するときは輸送能力の大きいポーターが出てくることも知られている．現在，さまざまな植物のそれぞれの養分で新しいトランスポーターが発見されている．

植物の持つ鉄，マンガン，亜鉛などの必須微量金属元素の獲得機構では，まず鉄がその研究の発端を開き，関連するトランスポーター群が次々明らかにされた．

ムギネ酸の研究：鉄の研究はムギネ酸からはじまる．岩手大学におられた高城成一博士である．多くの作物がアルカリ土壌などで鉄欠乏になるがムギ類は鉄欠乏にならない．その解明の研究の中で，ムギを鉄欠乏状態にすると根からある種の有機酸を出していることを突き止めた．その後植物体に鉄が供給されることを明らかにされた．そしてこの有機酸をムギネ酸と命名され，英語でも同じ名前である．これは日本の誇るべき研究成果で，高城博士はこれで日本農学賞を受賞し，この分野で日本が世界に先駆ける発端となった．その後，この分野から日本の植物栄養学界で分子生物学的手法が取り入れられ，研究の発展が盛んになっていった．

トランスポーター：鉄欠乏のムギの鉄獲得は次の行程をとる（図Ⅷ-2，前忠彦より改変）．ムギが鉄欠乏状態になると，根からムギネ酸を出すが，根から土壌に出て行く場合にトランスポーター（X）がムギネ酸を運び出す．現在のところこのムギネ酸を細胞膜から運び出すトランスポーターは特定されていない．

ムギネ酸は土壌中の不溶性の鉄である酸化鉄（Fe_2O_3）に接すると，鉄をカニのハサミではさむようにつかみ，キレート化合物とする．これで不溶性の鉄は水と親和性の高いムギネ酸のおかげで容易に水に溶けるようになる．さて土壌溶液に溶けたムギネ酸にはさまれた鉄はそのままではムギに戻るのが難しいが，ここでYS1と名付けられたトランスポーターが鉄ムギネ酸錯体をムギの体内に運ぶ．

鉄の輸送を司るトランスポーターYS1を作る遺伝子もすでにトウモロコシやイネからも単離されている．一方で，鉄欠乏地帯の対策として，イネにムギネ酸を作るための遺伝子組み込みにも成功している．この応用が拡がれば東南アジアに多いイネの鉄欠乏も減少し，米の生産も高まるに違いない．

鉄のトランスポーターのような研究はホウ素，ケイ素，その他の元素についても近年日本の若い研究者によって次々発見されている．

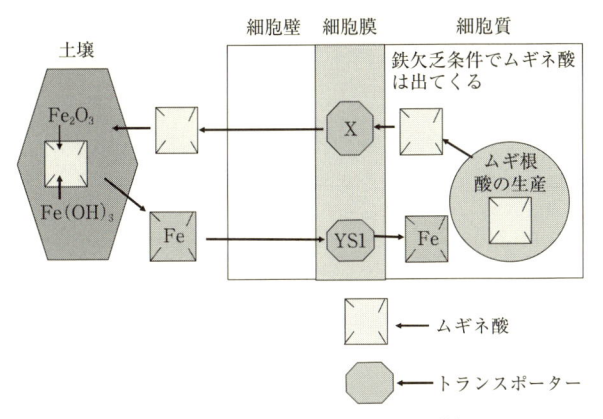

Ⅷ 植物の水と養分獲得戦略

図Ⅷ-2 植物のムギネ酸による鉄獲得

イオンチャンネル：土壌溶液に溶けているさまざまな養分を吸収するとき，イオンは細胞膜を通り抜けなければならない（Miller, *Nature* 2001）．電荷を持っているイオンは細胞膜を通しにくいが，実際はさまざまなイオンが細胞膜を通る．この膜を通るとき，それぞれ専用のゲートを通らなくてはならない．それがイオンチャンネルである．図Ⅷ-3に電位（電圧：V）に依存するイオンチャンネルの略図を示す．現在，細胞膜にはK^+，Cl^-とCa^{2+}のチャンネルの存在が知られている．

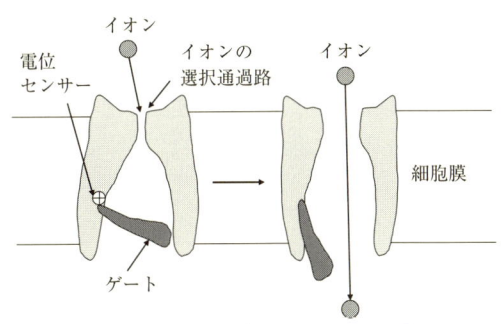

図Ⅷ-3 電位差依存型イオンチャンネル
植物体にはいるイオンは門番にチェックされる

無機イオンが外部から植物内部に入るときには幾つかの形がある．膜をはさんで，水が流れるように高い方から低い方に輸送される場合を受動輸送で，流れに逆らう形は能動輸送（攻めの形）である．膜の外側がプラスで，内側がマイナスに荷電している場合，陽イオンにとっては受動輸送となる．この受動輸送でも直接膜を通過する場合を単純拡散といい，チャンネルなどを通る場合を促進拡散という．イオンチャンネルを通過するカリウムの場合は促進拡散に入る．このようなさまざまな養分吸収機構を利用して，植物はその植物特有の養分水準を保っている．

　一休み：風土病は元素の偏りから発生した．セレンは最初動物の過剰障害からこの研究が発展した．まだ，セレンという元素のわからなかったマルコポーロ（13世紀）の時代にさかのぼる．「東方見聞録」のはじめの方に，沙州（現在の敦煌）から十日間で粛州に着く．この地方のどの山でも大黄（根茎は健胃や血液浄化の薬として用いられた．下剤としての働きもあり，シルクロードを経てヨーロッパにも広まった．全体の高さ1.5 m以上にも成り，薄手のビニールシートのような苞葉に包まれている．薄い黄色で，寒さと紫外線から植物を守っているといわれる）がたくさん生えている．この地帯の山中を旅する際には土地の家畜に替える．なぜなら他の土地の家畜はセレンが高濃度で含まれるこの地方のゲンゲの仲間の有毒な植物を食べ，ひずめを失うからである．

　アメリカ開拓当時も同じような現象が見られた．中央アメリカのアルカリ土壌地帯で，同じような障害が家畜に発生し，アルカリ病と呼ばれていた．その後この病気は世界中にあり，原因はセレンの過剰であることが明らかになった．

　一方，セレンの欠乏条件では筋肉が白くなり，運動障害をきたす白筋症が知られている．ウマ，ウシに発生し，発生地帯では対策が必要である．

　身を守るために毒物を蓄える生物たちがいる．なぜこのように特殊な元素を極端にため込む植物があるのか不明であるが，植物を食べる外敵から身を守るためと考えられている．

　アブラナ科の植物は辛味成分を体内にため込む．これも一種の護身のた

めと見られている．ところが世の中には上手がいて，アオムシはこの辛味成分に引きつけられて好んでアブラナ科の植物を食べる．アオムシはこれで体内に辛味成分を蓄え，鳥などの外敵から身を守っている．

2) 植物による環境浄化

ファイトレメディエーション：1950年代の高度経済成長期に，日本の工業界は生産規模を拡大し，各地で工業は廃棄物の重金属汚染物質を排出した．これらの廃棄物は河川に，あるいは海に流れ込んだ．1960年代に入り水俣湾の有機水銀による水俣病，富山県神通川のカドミウム汚染によるイタイイタイ病などが発生し大きな被害をもたらした．これらの重金属汚染は公害病としてその後の土壌汚染防止法など日本の公害対策の出発点となった．

イタイイタイ病は岐阜県神岡鉱山におけるカドミウム汚染が原因であったことが明らかになり，それ以来国内の同じような亜鉛鉱山や精錬所周辺地域で，1966年から環境汚染と住民の健康調査が行われた．その結果，1971年までに長崎，群馬，宮城3県7地域の亜鉛鉱山，精錬所周辺地域がカドミウム環境汚染要観察地域に指定された．

1970年にはさらに24道県鉱山，精錬所周辺地域50地域が調査対象となり，その後広範囲にわたって，カドミウム環境汚染状況調査が行われた．1984年までに，全国で49地域がカドミウム汚染対策地域とされた．「カドミウム鉱山」でなく，なぜ亜鉛鉱山かと疑問を持たれるかもしれないが，カドミウムと亜鉛は環境中で類似した動きをするため，亜鉛鉱山では必ずカドミウムが産出される．そのため，あまり利用価値のなかったカドミウムは捨てられてきた経緯がある．

カドミウムは河川の水によって，あるいは熱で蒸発しやすいカドミウムは精錬所の排煙とともに大気から地域を汚染していった．これらの汚染地帯の浄化は多くのエネルギーや分離のためのステップが必要で，多くの課題が残されている．熱力学第2法則からも明らかなように，散らかるより，集める方がはるかに大変である．

このような汚染対策として20世紀末に登場してきたのがファイトレメディエーションである．語源は植物を意味するphyto-と，修復を意味する

remediation をつないだ単語である.

　これまで行われてきた汚染土壌の除去や埋め立てなどの物理的な方法に比べて，経費が安く抑えられ，労力と環境に対する影響が軽く抑えられるなどのメリットがある．例をあげると，鉛をよく吸収するヒマワリは，原子炉事故による放射能汚染地帯で，鉛と同じ性質を持つウランの除去対策に応用され始めたと聞く．

　このファイトレメディエーションの対象とする物質は濃度や方法などによって経費算出基準が違うため，一概に比較できないが，従来の土木工学的手法に比較して，充分競争力のある技術であると考えられている．実際，現在この技術を持つベンチャー企業がアメリカなどで多く設立され，成長率の高い市場を形成している．

　米国で，ファイトレメディエーション産業の中で，土壌汚染金属を対象としたものは，全体の約15％を超えており，研究に対する支援も行われている．また，植物を利用する環境に優しい技術として，公共的容認が得られやすい利点がある．

　一方，浄化の完了までに時間がかかることや，この方法では汚染重金属の完全な除去が困難であること，また，植物が吸収できない物質には使えない．また重金属を吸収した植物体をどのように処分するかなどの問題も残されている．たぶんこれらは近年急速に高まってきたバイオ燃料の原料に利用するなどの技術とあわせて考えていく必要があろう．

　重金属集積性植物：植物は無機元素のみを栄養源として根から吸収し成長するが，普通，植物体の金属元素は一定の範囲に収まるようにコントロールされている．この一定に保つ機能（恒常性）があるために，通常の植物は重金属を地上部の植物体に $100~\text{mg kg}^{-1}$ 以上貯めることができない．

　そのような中で,植物地上部乾物中にカドミウム（Cd）を $100~\text{mg kg}^{-1}$，ニッケル（Ni），コバルト（Co），銅（Cu），鉛（Pb）を $1,000~\text{mg kg}^{-1}$，マンガン（Mn），亜鉛（Zn）を $10,000~\text{mg kg}^{-1}$ 以上に集積する植物がある．これらの植物は重金属超集積性植物と呼ばれている．

　重金属ファイトレメディエーションに用いる植物は，(1) 重金属毒性に高い抵抗性がある，(2) 低濃度の重金属でも吸収できる，(3) 吸収した金属を無害

写真Ⅷ-2　在りし日のブルックス博士（写真右），左側はワシントン州立大学名誉教授のクルックバーグ博士．アメリカの著名な植物学者．北海道・アポイ岳にて

な状態で保存，蓄積できる，(4) 必要に応じて蓄積した金属を排除できるなどの能力が必要とされる．

　超集積性植物はこれらの能力を持っていると考えられ，その特殊な能力をもたらす機構やファイトレメディエーションへの応用に関する研究が行われている．たとえばグンバイナズナ属の *Thlaspi goesingense* は，乾燥植物体の約1％（$10 \mathrm{~g~kg}^{-1}$）のニッケルを蓄積することが報告されている．そして高ニッケルに対するさまざまな耐性機構が存在することも明らかになった．

　緑化用として市販されているソバの一種は，地上部に0.8％（$8 \mathrm{~g~kg}^{-1}$）もの鉛を集積することも可能であり，クレー射撃場など鉛で汚染された土壌の浄化用作物として特許がとられている．

　金を栽培する：重金属を集積する植物の特性を利用して，土壌から貴金属類を回収する方法（ファイトマイニング）にも使われている．鉱山でわずかに金を含む捨てられたスラッジに，キレート剤を用いて金属を溶かしだし，それをカラシナなどの植物に吸収させるというものである．そして金鉱石並みの金を集積させるという研究が報告された（Brooksら，*Nature* 1998）．その報告の後，ニュージーランド・マセイ大学のブルックス博士は亡くなるまでの数年間，世

界各国の鉱山業者たちの講演会に招待されて忙しい日々を過ごしていた．

実用的なファイトレメディエーション技術はなにか：植物を利用した重金属浄化対策．重金属超集積性植物はこれまでに約400種が報告されている．その大部分が超塩基性岩土壌地帯に生育する植物であり，ニッケルを集積する植物である．その他の金属種については，カドミウムがグンバイナズナ，ハクサンハタザオ，ミゾソバなど数種類である．鉛はヘビノネゴザおよび緑化用ソバ，マンガンはコシアブラなど9種程度である．ヒ素はモエジマシダなど数が限られており，この中で実際のファイトレメディエーション技術として利用されているのはモエジマシダ程度である．ハクサンハタザオと緑化用ソバが日本の企業によって試験的に浄化が行われている．

どのようなことを研究しているか；これまで報告されている重金属超集積性植物は，気温や土壌などの条件で栽培が難しいものや，高濃度に重金属を集積することが可能でもバイオマスが小さいために土壌浄化に時間がかかるなど，実際の土壌浄化に用いるためにはいくつか解決しなければならない問題点がある．現在その解決方法の一つとして，遺伝子工学的手法を用いる方法がある．超集積性植物の耐性機構を解明し，関連する遺伝子を繁殖力が旺盛でバイオマス量の大きな植物に導入することである．このことで土壌浄化力を強化した遺伝子組換え植物を育種する方法が提案されている．

これまでに重金属耐性や集積に関連する遺伝子（液胞輸送トランスポーター群など）が次々に単離同定され，植物の重金属取り込みや有害重金属の無毒化に関する機構の解明が行われている．

手近な植物で対策を；しかしこれらの方法が完成し，実用化するにはまだ時間がかかる．そこで提案したいのはヨーロッパなどでも注目されているヤナギの類である．重金属汚染地帯で，ヤナギの重金属集積性を見たところ，いずれのヤナギ（エゾノキヌヤナギ，バッコヤナギ，エゾノカワヤナギ，コリヤナギなど）でも，高い重金属集積能力がある．

また，ヤナギは根を川面や水中に拡げ，水から直接養分や重金属を吸収するので，下流の汚染防止に威力を発揮するであろう．汚染地帯の河川ではやたら

VIII 植物の水と養分獲得戦略   113

に樹木を切り払わず，環境浄化に生かしたいものである．

3) ムギ類の銅欠乏

なぜ不稔になるか：植物が養分を充分獲得できないことは深刻な問題をもたらす．その深刻さは多量要素より微量要素でより強く現れる．その1つの例として銅欠乏を紹介する．

緑の部分は不稔コムギ	正常な花粉，カーミン染色	不稔コムギ花粉，カーミン染色
銅欠乏で枯れたコムギ	正常な花粉，デンプンがあるヨードで黒くなる	不稔花粉，デンプンがない

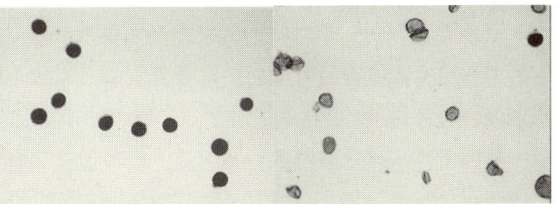

写真VIII-3 コムギの銅欠乏による不稔と花粉の状態

　ムギの銅欠乏では，激しい場合は収穫皆無の状態になる．このような激しい症状は多量要素では見かけない．銅の欠乏でコムギではまず光合成能力が低下するため，体内の糖含有率が低下する．写真VIII-1に示したように，植物体は浸透圧がなくなり，弱々しい状態となる．そのため花粉に栄養が行かず，花粉の中はデンプンも生殖核もない空っぽの入れ物のみとなる．その入れ物も変形していて正常な形をしていない．写真VIII-3は北海道の丘陵地で発生したものだが，このような発生は対策をとる前に各地で見られた．

　どのような条件で銅欠乏は発生するか：一方，コムギの銅欠乏は銅欠乏のみ

で発生するとは限らない．低レベルの銅含有率でも発生しない場合もあるし，少し高くても発生する場合もある．そこには植物体中の鉄と銅の微妙なバランスがある．これまでの研究では，銅と鉄の比がある一定水準以下になると不稔が発生する．今まで調べた結果では，銅の濃度が鉄の百分の1以下になると発生する．銅欠乏地帯において，コムギによってはいきなり鉄含有率の高いものが見られる．このようなときは不稔が発生している．なぜいきなり鉄含有率が高まるか不明であるが，銅欠乏が進んでくると，ムギの方が我慢できず，銅に近い金属である鉄を吸収するためのムギネ酸を放出するためではないかとの指摘を国際植物栄養科学会で受けたことがある．一理あるかもしれない．

対策をどうするか：対策であるがこれには2通りある．1つは土壌に硫酸銅などの銅資材を施用することであり，もう1つは葉面散布である．前者は1ヘクタール当たり40～50 kgの施用が必要である．吸収する銅の量はわずか50 g程度であるが，少しの施用は全く効果がない．吸収する量の100～200倍の量がなぜ必要なのか，それは土壌による吸着のためである．肥料に吸収する量を入れても全く意味を持たないのは多量要素と大きく異なる点である．これを模式図で書くと図Ⅷ-4のようになる．他のイオン化しやすい要素から溶けるので，銅のように結合力の強い元素はそのあとでしか溶出しない．

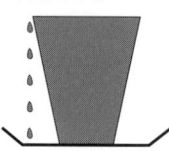

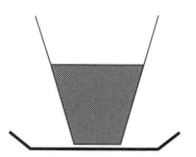

植物による重金属の微量要素と多量要素利用の仕方の違い．土壌との結合の違いから利用のし方が違ってくる．

重金属の微量要素を土壌に施用する場合，ある一定量の水準まで入れないと効果の無い理由がここにある．多量要素は結合力が弱いのでこのようなことはない．

図Ⅷ-4 微量重金属成分と多量要素成分吸収利用の違い

その代わり，土壌に硫酸銅を使用した場合は，10〜20年は欠乏が発現しない．しかし，経済的にも負担が大きいし，土壌に重金属を施用することはあまり奨められない．

もう1つの方法である葉面散布は必要量の銅を薬剤散布の時，一緒に散布すればよい．銅としてヘクタール当たり50 g（硫酸銅として200 g）程度を1,000 Lとし，1haに散布すればよい．ムギの穂ばらみ期まで散布すれば不稔は防止できる．ただし，これは1年限りである．

他の微量要素ではどうか：似たような深刻な症状はトウモロコシの亜鉛欠乏でも見られる．こちらの方は成長ホルモンに影響するもので，成長点に異常をきたし，さっぱり成育しなくなる．薄い硫酸亜鉛などの溶液を葉面にかけてやると4,5日でうそのように回復する．

3. 科学の世界を変えたDNAの解明

DNAとはデオキシリボ核酸のことである．2本の糖とリン酸基の主鎖をアデシンとチミン，シトニンとグアニンの4種の塩基が互いに組み合わせながら橋渡しをしていて，らせん状になっているのがDNAである．この4種の塩基の組み合わせによって無限の遺伝情報を子孫に伝えている．

DNAの二重らせんの論文がワトソン・クリックによって発表される前は，地球上の生物が親と同じ子孫をどのようにして伝えているのか最大の謎であった．

アメリカの化学者ウエンデル・スタンレーが1935年，タバコ・モザイク・ウイルスを結晶化した．それでウイルスは生物か無生物か論争が起こった．結晶である以上生物ではないであろうということである．しかし，ウイルスは自分で増えることはできないが，他の生物体の中では増えることができるのである（繁殖でなく，増殖という）．

インフルエンザウイルスは生物に見えないのに生物と同じように「子孫」を残す．この謎を解いたのが当時24歳のアメリカの分子生物学者のワトソンとイギリスのクリックであった．

DNAは二重らせんになっていて，あたかも互いに写真のポジとネガの関係

になっていることを発見した．わずか半ページの論文である．これが20世紀最大の発見といわれたDNAの遺伝情報のメカニズムの解明であった．糖とリン酸からなる2本の鎖の間を有機塩基のアデニン（A）とチミン（T），グアニン（G）とシトシン（C）がそれぞれ水素結合の対となっている構造である（図Ⅷ-5）．

　遺伝・増殖という生命現象は，神秘的なものではなく，物理的・化学的法則にしたがっていることが明らかにされた．DNA二重らせんの問題にふれるとき，若くして亡くなったラザリンド・フランクリンを思わずにはいられない．彼女の優れたDNAのX線回折の写真がなかったら，どうなっていただろうと考える．ワトソンとクリックはDNA二重らせんのモデルを組み立てロザリンド・フランクリンに見せたとき，彼女は「これほど美しい構造が本物でないはずがない」といったという（図Ⅷ-5）．彼女が生きていれば当然ワトソンらとともにノーベル賞を受賞していたであろう．

　先に述べたトランスポーターも，分子生物学的手法もみなDNAのメカニズムが解明されたから発展した．現在では，犯罪の決定的な証拠としてもDNA解析は無くてはならないものになった．20世紀科学界最大の発見といわれる由縁である．

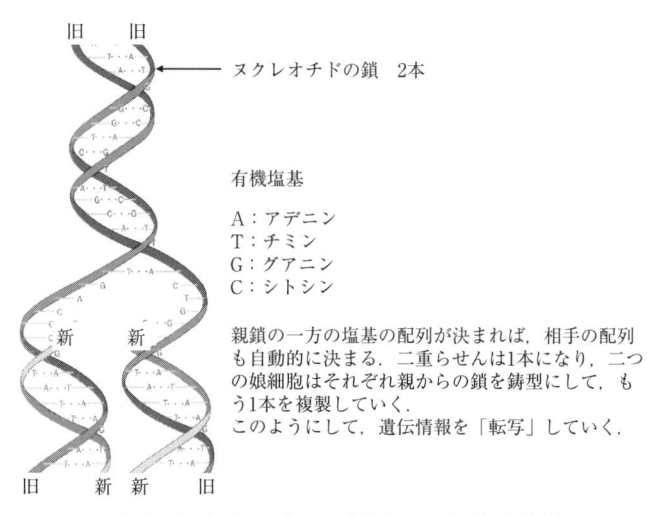

ヌクレオチドの鎖　2本

有機塩基

A：アデニン
T：チミン
G：グアニン
C：シトシン

親鎖の一方の塩基の配列が決まれば，相手の配列も自動的に決まる．二重らせんは1本になり，二つの娘細胞はそれぞれ親からの鎖を鋳型にして，もう1本を複製していく．
このようにして，遺伝情報を「転写」していく．

図Ⅷ-5　ワトソン・クリックのDNAの複製模式図

IX 物質循環

1. 水

1) 生命の水は循環する

　水は生物にとって最も大切な物質である．地球に生命が存在するのも「水の惑星」といわれるように，水が存在したからにほかならない．生物体の60～90％は水である．この大切な水を得るために昔から個人間でもあるいは国家間にも水争いがあった．土地があっても水がなければ作物は育たず，食料の生産は成り立たない．

　60億人を超える世界の人口をどのようにして養うか，それは水をいかにして確保するかにある．世界はすでに現在「水危機」の状態にある．世界人口の約1/5に当たる10億人以上がきれいな水を入手できない状態にあるといわれる (*Nature*, 422, 251, 2003)．

　鴨長明の方丈記の一節である「**ゆく河の流れは絶えずして，しかももとの水にあらず**」は水の循環を最もよく表現している．本来，この言葉は人生の無常を表現したものであるが，この言葉をアメリカ・ワシントン市郊外のホトマック川縁の公園建物で見たときはびっくりしたが，まさにぴったりとした言葉である．

2) 淡水はわずか3％

　地球上の水の97％は海水が占める．河川水や湖水とくらべ塩分が高く，通常利用できない．淡水の75％は氷河や南極などの氷として存在する．淡水に

占める地下水の割合は24, 25％であるが，そのうちの半分以上は762mより深いところにある．湖沼，河川水の割合は淡水の0.5％以下でしかない（山県登「水と環境」）大日本図書，1973).ただし，これらの水は石油などのように，一度使うと二度と回復しないのとは違い，絶えず循環している．そのようなことから，海の水はその供給源として重要である．

水は海面あるいは地表から絶えず蒸散し，雨や雪となって地上に戻ってくる．この大循環は太陽エネルギーによる熱，風によって起こる．この蒸発によって汚れた水も浄化される．地上に降った水は物質を洗い溶かし，海に新しい物質を運び込む．海の中では海流の大循環があり，物質や熱の分散を行う．

3) 比熱の大きい水が地球を守る

水は鉄やコンクリートなどよりもはるかに大きな比熱（物質の温度を単位温度だけ上昇させる熱量をいう．比熱が高いほど温度は上がりにくく，また下がりにくい）があり，地球の温度幅をきわめて小さくしている．水の正常なコントロールは生活用水だけでなく，地球の環境そのものにも大きく影響する．

表IX-1　元素，物質の比熱（ジュール/g℃）

元素または物質	比熱
水銀	0.14
炭素（石墨）	0.669
鉄	0.437
銅	0.380
エチルアルコール	2.29
コンクリート	約0.84
砂	0.80
木材	約1.25
水	4.18

4) 古代の灌漑文明は塩類集積で滅んだ

いまから約5,000年前，紀元前3,000年頃にチグリス川とユーフラテス川の流れる流域，いまのイラクにはメソポタミア文明が栄えた．河川流域の高い生産力が生活のゆとりを生み，文明を育てた．ペルシャ湾に近い南部のウルは国

家の中心でもあり，最盛期には25万人もの人びとが集まり，政治・経済の中心地であった．しかし，それでも永遠には続かなかった．メソポタミアの都市国家はウルク，バビロン，ラガシュ，そして現在のバクダッドと変わってきた．この地帯の農業が灌漑にたよるため，塩類が集積（砂漠化）し，農地が次々荒廃していった．メソポタミア文明が終息したのはそのためだともされる．

　古代では多くの文明が大河川流域に栄えたが，多くは終息した．大勢の人口を抱え，食料生産のために塩分の多い灌漑で農地が滅んでいった．このことは現代においても重要な課題である．多くの大陸で，作物の成育限界ぎりぎりの高塩分を含んだ灌漑水が使われている．

2. 炭　　素

1)　大気の二酸化炭素が増大する

　炭素の循環は水の循環と並んで，現在最も熱く重要な環境問題である．20世紀から始まった石炭や石油の多量消費による膨大な二酸化炭素の大気への放出は地球温暖化という深刻な問題を投げかけている．これは人類のみならず，地球の生物の存亡に関わる問題である．21世紀の半ばには北極海の氷が無くなり，この氷を生活の場にしている北極クマやその他の生物が絶滅の危機にさらされている．その兆候はすでに現れている．

　野生生物ばかりでなく，標高が10メートルにも満たないサンゴ礁の島々に暮らす人たちにとっては，生活の場が海中に没するという深刻な問題がある．

　それではこのような深刻な問題を投げかける地球上の炭素の循環がどのようになっているか考えてみよう．

2)　炭素の大部分は炭酸塩

　地球上の炭素の循環は図Ⅸ-1に要約できる．地球が誕生間もない時期の大気は二酸化炭素と窒素，少量のメタンやアンモニア，水蒸気であったと考えられている．海水は0.3 M程度の塩酸酸性であった．強酸性の海水には二酸化炭素は溶け込まなかった．炭酸を多量に含んだ雨が地上を洗い，ナトリウムやカルシウムなどの塩基類が海に流れ込み海水を中和していった．やがて多量の二酸化炭素が海水に溶け込み，金属類と結合して多量の炭酸塩として海底に堆

積した.

　地球上の炭素の99％以上が炭酸塩として海底や地底に堆積していると見積もられている．特に炭酸カルシウムはその大部分を占める．また，地上に上陸した植物が石炭紀などに多量に炭素を固定し，長い間かけて化石燃料として地下に蓄えたことも大きい．

　表IX-2にはおおよその地球における炭素の存在量をギガトン（10億トン）で示した．現在，大気中には年間3ギガトンの割合で増加していると見積もられている．大気中の濃度では年間ほぼ1.4 ppmの増加となろう．

　地表や大気中の炭素は炭素全体からみればわずかな量であるが，特に大気中の二酸化炭素は地球の環境を変えるほど大きな影響がある．二酸化炭素が地球を覆い，あたかも温室のガラスのような働きをする．

　地球には太陽から光によって絶えずエネルギーが供給されているが，これが地球外に逃げていけば地球の気候は一定の温度に保たれる．しかし，この熱の放散が止まると地球の温度が上昇し，あらゆるところに影響が出てくる．異常気象，熱波による砂漠の増大，熱帯性伝染病の温帯地方への拡散などである．特に深刻なのは氷や氷河の減少による寒冷地の生物の生存である．また，海面の上昇によって標高の低いサンゴ礁でできた島々の住民や生物生存も危機に立たされている．

3) 光合成を上回る二酸化炭素の放出量

　地上における炭素の循環は図IX-1に示したが，自然界では有機物や動植物の呼吸などで放出される二酸化炭素は地上の植物による光合成で固定され，長い間バランスがとれていた．しかし，産業革命期以降，特に20世紀に入ってから自動車などの内燃機関の発達によって，多量に石油が消費され，地上の植物による炭素固定を上回る二酸化炭素の放散が始まった．加えて人口の増大から，これまで地球上に多量の酸素を供給してきた東南アジアやブラジルの広大な熱帯雨林は，20世紀中期以降大規模に伐採され減少した．このことも大気中二酸化炭素増大に拍車をかけた．

　大気中の今世紀前半における二酸化炭素のコントロールが地球上の生物存続の成否にかかっているといっても過言でない．

IX 物質循環

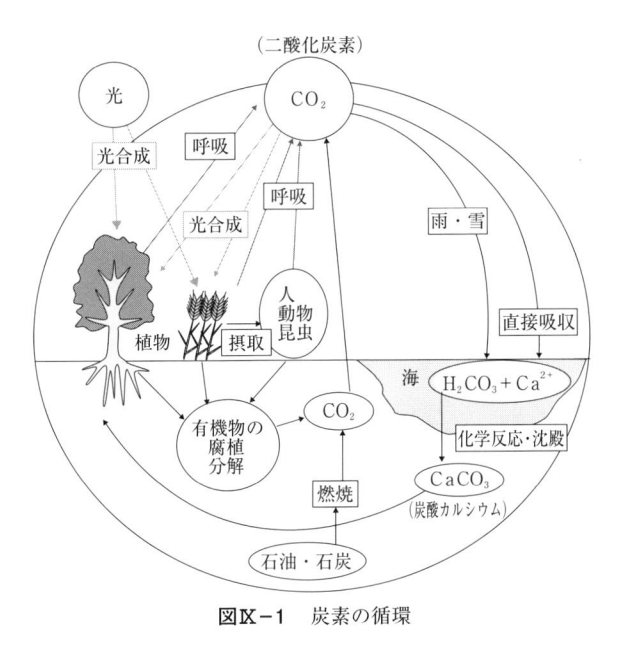

図IX-1 炭素の循環

表IX-2 地球上の炭素の存在

存在場所		存在量(Gt)	存在比
大気		800（年間+3）	1
地表（土壌・腐植・泥炭など）		1,750	2
海洋		40,000	50
地殻	化石燃料	5,000〜10,000	6〜12
	炭酸塩（炭酸カルシウムなど）	70,000,000	90,000

3. 窒素の循環

　生命体の構成はタンパク質からなる．植物も動物もタンパク質を抜きにして生命は語れない．タンパク質の主成分は窒素である．食料生産は窒素肥料を中心とした肥料が不可欠である．19世紀は無機肥料が食料生産に重要であることが明らかにされ，チリ硝石やグアノなどのカツオドリやペリカン，海鵜などの海鳥の糞の堆積物は重要な肥料と火薬の原料となった．そのためこれらの争奪戦が国家間で行われた．

　20世紀初期，空中窒素の固定に成功（ハーバー・ボッシュ法）し，これによって，最も重要な肥料を工業的に合成することに成功した．

　20世紀のはじめ，世界の人口は16億人であったが，すでに60億人を超えた．わずか100年の間に，人口が4倍にもなったことは人類の歴史にとってかつて無かった．外にも要因はあるとしても，それほど窒素の合成は食料の生産に重要であった．

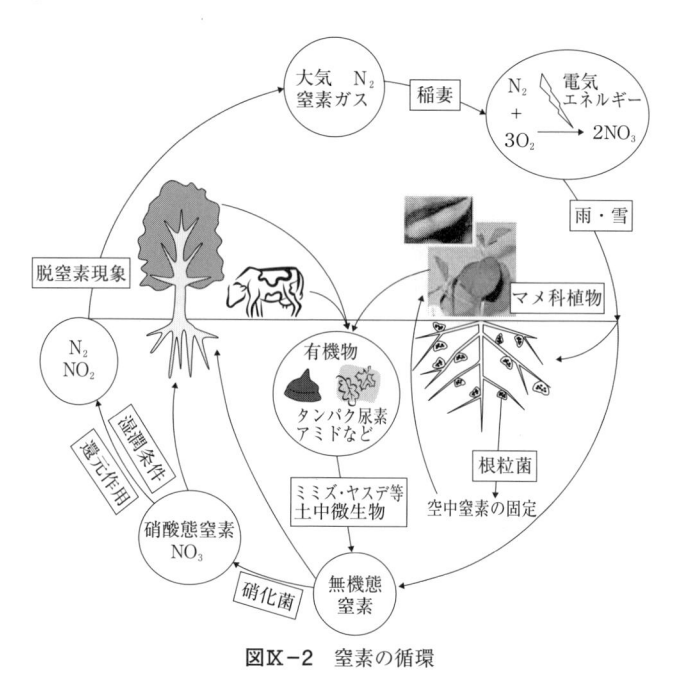

図IX-2　窒素の循環

4. ケ イ 素

1) 火山岩の山の形はケイ酸含有率で変わる

ケイ素酸化物のケイ酸は土壌中で 50～70 % の大部分を占める．植物にとってもケイ酸の含有率は 0.1～20 % の幅広い含有率を占める．また植物にとって多量にあっても害のでない唯一の要素である．

2) ケイ酸の流出した土壌のなれの果て"ボーキサイト"

ケイ素の循環は水，炭素，窒素のような大気圏まで介する循環はない．地球内部のマグマから火山で地上に出た岩石や火山灰，あるいは海や湖水に堆積してできた堆積岩などが長い年月をかけて風化し土壌となる．風化の際多量のケイ酸が流出してくる．ケイ酸を多量に含んだ土壌も，熱帯の暖かい水で洗われるとケイ酸が溶け出し，やがてあとには酸化鉄と酸化アルミニウムを主成分とするボーキサイトが残る．

3) 流れ出たケイ酸は湖水や海のけい藻の大切な栄養源

土壌の風化でできるケイ酸は地下水に絶えず流れ出てくる．特に火山灰土壌地帯の河川水では高濃度のケイ酸が含まれている．このケイ酸量からこの地帯の岩石の一次鉱物から，二次鉱物の粘土の生成量が求めることができる．湖沼や海洋に流れ込んだケイ酸はけい藻に取り込まれるため，ダムや海水ではケイ酸が著しく低くなる．ケイ酸は水稲にとって重要な要素であるが，近年，ダムの下流でケイ酸の低下が注目されている．

植物プランクトンであるけい藻類は湖沼や海洋における大発生によって水圏の生態系や地球における炭素リサイクルの中心的存在である．浮遊生活をするけい藻のすべては複雑な構造をしたケイ酸製の殻（被殻）で保護されており，この殻は，象がテーブルに乗ったときにかかる重量に匹敵するもので，その圧力にも耐える強さがある（Hamm et al., *Nature* 2003）．ケイ酸による生物の利用はけい藻のみでない．植物も同じで，特にイネ科植物はケイ酸の皮膜で病害や害虫から身を守っている．

X 環境汚染

1. 重金属汚染

1) カドミウム (Cd)：今も続くイタイイタイ病

現在はそこに設置されたカミオカンデが宇宙からのニュートリノの検出に成功し，小柴博士のノーベル賞受賞につながった元三井金属鉱山株式会社神岡鉱業所が舞台である．日本で最大規模の鉛・亜鉛鉱床を持ち，この重金属を含む廃水を富山県神通川に流した．下流の農家は神通川の水を用水，飲料水に使ってきた．見た目はきれいな水でも，重金属を含むこの水は飲料にする住民と農地を汚染していった．

鉱山が銀山として発見されたのは16世紀末であるが，銀鉱の焙焼のため，田畑，林地，飲料水の汚染が19世紀末に発生している．骨折による悲惨な被害は1930～1960にかけて多発する．これをイタイイタイ病として萩野医師が学会に発表したのは1955年である．土壌汚染防止法が制定されたのは1970年12月．被害が出てから長い年月がかかっての制定であった．

この土壌汚染防止法は被害者が顕著になったから成立したのではないことを化学に取り組む者として忘れてはならない．イタイイタイ病の原因がカドミウムによることは岡山大学の小林　純博士の発光分析法によってはじめて明らかにされた．また，1970年（昭和45年）という年は，重金属の分析に威力を発揮した原子吸光光度計が普及した3, 4年後であって，現地調査のデータが充分蓄積した時であった．このことは分析化学という技術がいかに重要な意味を持つかを教えてくれる．

一方，法律が制定される以前は公害問題，あるいは環境問題を口にすることは御法度であった．国民の大部分は産業振興を重視し，これを妨害するような環境問題を取り上げる者は非国民扱いに近い目で見られた．これはカドミウム汚染に限ったことではない．環境問題，公害問題の先駆者は解明のための技術の問題と社会的問題の双方に取り組んできたし，今後もこの問題は続くことであろう．

　なお，イタイイタイ病はすでに過去の公害病と思われているが，富山地方では今なお新しい患者が発生しているといわれる．若い医師は診断法がわからず，神経痛として扱う例が多いという．

2) 鉛汚染：水鳥の鉛中毒が止まらない

　鉛は古くから人類によって使われていた重金属である．体内では神経細胞や骨の中に集積する性質がある．古代ローマでは貴族たちが鉛のカップを用いてワインなどを飲み，皇帝ネロの異常な行動も鉛中毒が原因ではなかったかとの説も存在する．鉛活字を用いていた時代に活字職人の鉛中毒が問題となったし，アンチノック剤として四エチル鉛が自動車や航空機燃料に加えられていたとき排ガス中に含まれる鉛化合物が神経障害をひき起こすことが確認され，ガソリンへの添加が規制されてきた．

　現在ではクレー射撃場で散弾に使用される鉛が溶け出し，周辺の鉛汚染が問題になっている．

　鳥類は食べ物を消化するために小石や砂を飲み込むが，浅い沼や湖では，狩猟に使用した鉛の散弾を小石と一緒に飲み込み鉛中毒になる例や，狩猟に使われる銃の散弾あるいは鉛玉破片を含む動物の死骸が放置される結果，これに群がるオジロワシやオオワシが鉛中毒になり死亡する例が後を絶たない．

　アザラシやオットセイなどの海獣の分析結果を見ても，鉛の集積は脳，肝臓，腎臓で高い．また化学的性質がカルシウムと似ているところから，骨に多く集積する．

3) 水銀 (Hg)：地球上に降り注ぐ水銀量は年間約 8,000 トン

　水銀は今なお深刻な社会問題となっている水俣病の原因物質であり，金メッキに水銀を大量に使用した奈良の大仏建造後の平城京が，短期間に遷都を余儀

なくされた原因であったと想定されている．これまで水銀汚染はいつ頃から始まり，どのような状態であったか不明であった．水銀の密度（g/cm^3）は，融点における固体で 14.2 ときわめて重く，常温で液体である唯一の金属である．沸点は 356℃ であるが，常温でも気化しやすい．金と溶け合い，合金のアマルガム（やわらかい物質の意味）作るため，金を採掘するとき水銀でアマルガムとして取り出し，加熱して水銀をとばし残った金を得てきた．

水銀は循環する：銅や亜鉛などの重金属と異なり，土壌中の水銀含有率はきわめて大きな地域差がある．その原因は長い間わからなかったが，20世紀の末になって水銀は大気から降り注ぐことがわかってきた．そのため多くの科学者はどの程度の水銀量が降り注ぐか，南極の氷とか，氷河，あるいは湖の底質などの分析で求めようとしたが果たせなかった．

一方では火山や石油，石炭の含有率から大気中に放出される水銀量はほぼ数千トンと予測値はでていたにもかかわらず，降下する実測値の方は分析精度が完全でなかったのと，試料の変異が大きく，なかなか実態に迫れなかった．この大気から降り注ぐ水銀の量と歴史的な変化の過程は意外なところから明らかになった．

火山国日本においては至る所に火山灰が見られる．特に北海道ではほぼ 1/3 が火山灰に覆われている．また，北海道では 19 世紀後半まで，人口が少なく，鉱工業も無かったことから，火山灰は人為的水銀の影響を受けていない．

支笏湖は3万2千年前の爆発でできた．このとき多量の火砕流が周辺を埋め尽くし，千歳川の流れを日本海に変えた．支笏湖をはさむ恵庭岳は1万7千年前，反対側の樽前山は約9千年前から数回の爆発を繰り返した（写真X-1）．

水銀は高温で気化するため，堆積したばかりの火山灰と火砕流は水銀を含まない．また，火山の爆発と爆発の間は水銀降下年数を示す．そのため，各層位の水銀総量を求めると，その火山灰の降灰時から次の爆発までの水銀降下量を求めることができる（水野ほか，未発表データ）．その調査結果を図X-1に示す．

図X-1 からも明らかなように，地球上に降り注ぐ水銀の量は 34,000 年前から 2,000 年前までは年間 1,500 トン前後であまり大きな変化がなく経過した．

写真X-1 各試料採取地点の火山，湖とテフラ層（火山噴出物層）

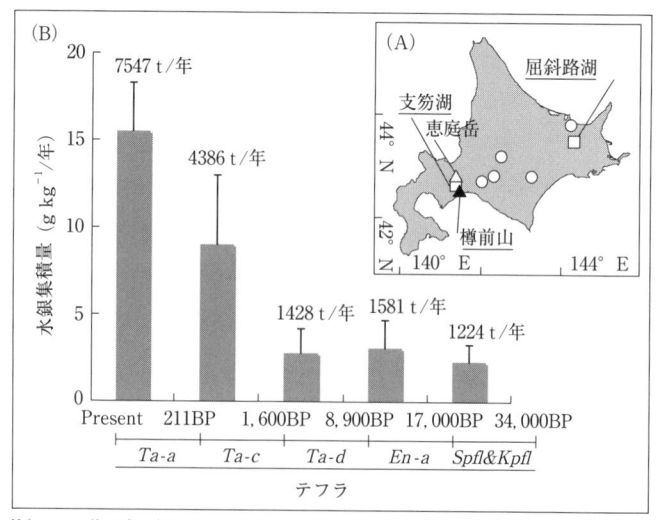

図X-1 過去34,000年間の水銀降下量の変遷
　　　Ta：樽前山，En：恵庭岳，$Spfl$：支笏湖火砕流，$Kpfl$：屈斜路湖火砕流

注）BP；物理年（1950）より前，棒グラフの上の数字は地球全体の年間降下量

しかし，人類の文明期に入る約2,000年前から産業革命期の18世紀中期までの降下量はその前の3倍となっている．さらに18世紀中期から現在まではさらに高まり，人類文明期前の約5倍にもなっていることが明らかになった．

水銀の降下は陸地のみでなく海にも降下しているので，これらは魚を通じてわれわれの体に還元されてくる．事実，海の魚の頂点に位置するマグロの水銀含有率は高く，マグロの摂取に警告が出されている状態である．水銀の無造作な使用は天につばするごときであることを知るべきであろう．

4) 米のカドミウム含有率はなぜ落水すると高まるか

水田ではイネが出穂すると潅漑を止める．このことを落水という．カドミウム汚染水田では落水すると急激に玄米中のカドミウムが高まる．そのため，できるだけ落水時期を遅らせるが，このことは農作業を著しく困難にする．亜鉛（Zn），カドミウム（Cd），銅（Cu）は潅水中硫化物イオン（S^{2-}）と結合して硫化物になりやすい．したがって，重金属汚染地帯ではこの土壌還元で重金属障害が軽くなる．しかし，この硫化物は落水による土壌の酸化で，硫化物イオンがイオウあるいは硫酸イオンになり，硫化物の化学反応系から取り除かれるため，重金属は溶けやすくなる．

硫化物になりやすい順位は

$$Cu > Cd > Zn$$

となり，銅が最も硫化物になりやすく，また酸化は困難である．亜鉛はなかなか硫化物にならないため，酸化還元は溶解度にあまり影響しない．カドミウムはその中間にあり，硫化物になりやすく，また硫化カドミウムは酸化もされやすい．硫化物が壊れる酸化還元電位はネルンスト式と硫化物の溶解度積（Ksp）から計算することができる．

重金属硫化物の溶解度に関わるのは硫化物イオンのみであるので，酸化還元電位が高まることで，硫化物イオンが他の形態，S^0 または SO_4^{2-} に変化することで溶解する．このカドミウムの硫化物と溶解する酸化還元電位は水田土壌中の一般的な範囲であるために，カドミウムの硫化物による不溶化と溶解は劇的に変化する．

酸化還元反応はその反応の電位 E によって決定される．酸化剤，[Ox] + ne ⇔ 還元剤 [Red] の系において酸化還元電位はネルンスト式から次の通り

である．
硫化物イオン S^{2-} の酸化還元電位は

$$S^{2-} - 2e \Leftrightarrow S^0\downarrow. \quad E_0 = -0.49 + 0.03 \log \frac{[S^0\downarrow]}{[S^{2-}]} \tag{1}$$

となる．

$$CdS \Leftrightarrow Cd^{2+} + S^{2-} \tag{2}$$

の溶解度積（Ksp）は

$$Ksp = [Cd^{2+}][S^{2-}] = 10^{-25.9} \tag{3}$$

であるので，CdS のみを含む溶媒中では，S^{2-} は CdS の解離からのみの供給となる．そのため，分母の S^{2-} の値は $\sqrt{10}^{-25.9}$ であるので，
(3) 式を (1) 式に代入すると E_1 は

$$E_1 = -0.49 + 0.03 \log [S^0\downarrow]/\sqrt{10}^{-25.9} \tag{4}$$

となるので，分子を消去すると

$$E_1 = -0.49 - 0.03 \log \sqrt{10}^{-25.9} \tag{5}$$

となる．

$$\log\sqrt{10}^{-25.9} = \log 10^{(-25.9/2)} = (-25.9/2)$$

であるから，

$$\begin{aligned} E_1 &= -0.49 - 0.03 \times (-25.9/2) \\ &= -0.49 - 0.03 \times (-12.95) \\ &= -0.49 + (0.03 \times 12.95) \\ &= -0.49 + 0.39 = -0.1 \text{V} \end{aligned} \tag{6}$$

となる．同様にして硫化亜鉛の溶解を $Ksp = 10^{-22.8}$ から求めると

$$ZnS - 2e \Leftrightarrow Zn^{2+} + S^0\downarrow, \quad E_2 = -0.15 \text{ V} \tag{7}$$

となる．水田土壌で -0.15 V は最下限に近い酸化還元電位である．

硫化銅は CuS の $Ksp = 10^{-35.2}$ と 3 元素の中で最も小さい溶解度積となる．そこで同様に計算すると

$$CuS - 2e \Leftrightarrow Cu^{2+} + S^0\downarrow, \quad E3 = 0.04 \text{ V} \tag{8}$$

となり，3 元素の中で酸化される電位は最も高い値となる．

多少，計算は複雑になるが，溶解度積をネルンスト式に代入することによって，硫化物の溶解と酸化還元電位の関係を求めることができる．これらの酸化

X 環境汚染

還元電位は図X-3に示したように，実測による土壌中重金属の動き，溶解度と酸化還元の変化とよく一致する．関係する酸化還元電位あるいは溶解度積については付表として巻末に載せた．

以上のような硫化物の溶解する酸化還元電位を計算で求めることは，現場において対策を考える場合の重要なヒントとなる．溶解度積が小さいことは結合力が強いことであるから，少ない硫化物イオン（S^{2-}）でも，結合力の強い方から硫化物が形成されていく．また硫化物イオンが酸化されて分解していくときは最後に溶ける．つまりここでは銅である．反対に亜鉛の場合は硫化物形成に必要な硫化物イオンが存在しないため，溶解度はほとんど変化しない．

このようにさまざまなイオンの動きを理論的に求めることはフィールドにおいては重要である．

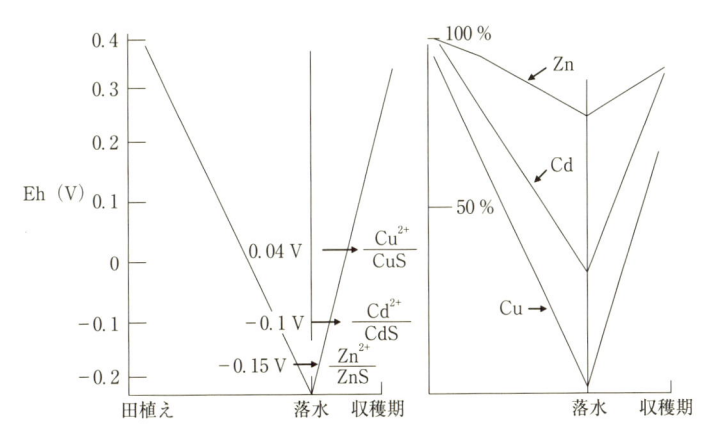

図X-3 水田土壌の酸化還元電位の変化と硫化物の溶解度の模式図
0.1 M HCl 可溶の Zn, Cd, Cu の可溶率は湛水始めを 100 % とした

2. 地球温暖化

1) 地球温暖化のメカニズムとその影響

地球の温度を一定に保つには，太陽から地球に注がれる熱量と，地球から宇宙に放出される熱量が同じでなくてはならない．太陽からの光は地球に吸収され，さまざまな物質に吸収され，波長の長い熱線（赤外線）に変わる．

太陽光線の大部分を占める可視光線は空気や二酸化炭素を容易に通過するが，波長の長い赤外線は二酸化炭素やメタンなどに捕らえられ宇宙の彼方に逃げ出せない．そのため地球に入る熱量に比べて逃げるエネルギーが少ない分地球の温度が上昇する．大気に含まれる二酸化炭素やメタンの役割はあたかも温室のガラスの役割と似ているところから，「温室効果：green-house effect」といわれてきた．

2) バイオエタノールは対策の切り札になりうるか

地球温暖化と石油資源枯渇の対策として21世紀に入ってから急浮上してきたのがバイオエタノール（植物原料のエチルアルコール）である．原料が空気中二酸化炭素の再利用であることから，地球温暖化の原因に換算されないということで注目されてきた．最初，サトウキビ生産の盛んなブラジルではサトウキビから作られていたが，ここ1，2年前からアメリカ合衆国でトウモロコシを原料にしてバイオエタノールの生産を始めた．トウモロコシは人の食料であり，また家畜の重要な飼料でもある．このトウモロコシによるバイオエタノール生産の影響は大きく，1年くらいの間にトウモロコシの値段は2〜3倍になり，養鶏のコストは跳ね上がり，卵を原料とするマヨネーズは値上げを余儀なくされてきた．

これはトウモロコシにのみとどまらず，アメリカではトウモロコシの価額上昇によって栽培面積が増え，大豆やコムギ，あるいはその他の果樹も含むあらゆる農作物の栽培面積も減ったため，大豆やコムギ等他の食料の輸入価額の上昇も続いている．また，日本でも米やテンサイ（砂糖大根）によるバイオエタノールの生産体制に入り始めた．

それではこのバイオエタノールが地球温暖化防止，あるいは石油エネルギーの代替になるのか日本の石油消費量と農業生産から考えてみよう．

石油消費量：日本の年間石油消費量は約3億キロリットル（商品先物取引1997）であり，これから放出される炭素量は約2億トンとなる．日本では，この石油のほか製鉄や火力発電に多量の石炭を輸入し使用しているがその分は省略する．

X 環境汚染

農地面積とその炭素固定量：日本の農地面積は約 500 万ヘクタール（ha）で，その 2 分の 1 が水田である．休耕田を含む水田面積は約 250 万ヘクタールである．1 ヘクタール当たりの米の生産量は約 5 トンである．この値は作物の中でもきわめて効率の良い炭素固定を示している．国内の米の生産量は年間約 800 万トンである．800 万トンの米に含まれる炭素の量は 320 万トンである．

日本の米の単位面積当たりの生産量は世界のトップクラスにあり，世界の平均値はこの 2 分の 1 程度である．仮に日本の農地の全面積を水稲にしても，その炭素固定量は 640 万トンにすぎない．この炭素固定量は日本の石油消費量のわずか 3 ％強にすぎない．

森林面積：日本の森林面積は約 2,500 万ヘクタールで，農地面積のほぼ 5 倍となる．森林の炭素固定能の評価は森林の生育状態が均一でないため難しいが，面積当たりの炭素固定量を水稲の 2 分の 1 と評価しても，日本国土で固定される炭素量は日本の石油消費量の 10 分の 1 に過ぎない．

食料生産に対する影響：日本の食料自給率は 42 ％に過ぎない．日本国内で消費される食料の大半が輸入に頼っている．バイオエタノール生産のための影響はすでに現れている．日本の食料の完全自給には 1,200 ヘクタールの農地が必要であるが，そのような農地の余裕はこの狭い日本にはない．

世界の農地を見ても，すでに限界にきている．最大の制限因子は水である．温暖化はその水の利用をより厳しくして行くであろう．バイオエタノールの生産は貧困層の食料事情もより厳しいものにして行く恐れがある．

XI 身を守る化学

 化学を扱う実験室においては危険な薬品や器具を使用する場合がある．あるいはフィールドではさまざまな場において危険に遭遇することも多い．ここではこれらのうちの一部についてその認識と対処法について述べる．

1. 劇物・毒物の分類

 薬品には劇物あるいは毒物と表記されている場合がある．これらは適当に区分しているのではなく，区分には基準がある．

表XI-1 劇物・毒物の分類

摂 取 経 路	毒 物	劇 物
経皮吸収致死量	100 mg	1,000 mg
吸入致死濃度（1時間）	200 ppm	2,000 ppm
	$200\,\mu\mathrm{L\,L^{-1}}$	$2\,\mathrm{mL\,L^{-1}}$
経口致死量	3 mg 以下	300 mg 以下
皮下注射致死量	20 mg	200 mg
静脈注射致死量	10 mg	100 mg

 注）致死量LD_{50}とは体重1 kg当たりのmgで，50％の死亡率をいう．

表XI-2　無機ガスの許容濃度

物　質　名	許容濃度(ppm)
アンモニア	50
一酸化炭素	50
塩化水素（塩酸）	5
塩素	1
シアン化水素	10
臭素	0.1
硫化水素	10

2. 化学物質による災害と対策

　実験室で取り扱う試薬による災害と対策を知っておくことは化学者にとって必須である．新しく実験室を作る場合は緊急のためのシャワーを取り付けることも忘れてはならない．毒物あるいは劇物によって事故のあった場合は医師の来診によらなければならないが，医師の到着前にできるだけの応急処置を執る必要がある．

　重金属中毒の場合には，タンパク質の高い卵白や牛乳を用いるとか，強酸類には弱アルカリ，強アルカリには弱酸を用いることが厚生省の「毒物劇物取り扱いの手引」に記されている．弱アルカリといっても塩酸や硫酸を薄めて作る弱酸もあるが，あわてているとき用いると二次災害を起こさないとも限らない．この点，酢酸とかクエン酸のような有機酸は手近にあり，またこの希釈液は危険性が少なく，中和力も大きい．弱アルカリについても同じである．安心して使えるのは緩衝作用のある炭酸水素ナトリウム（重曹）である．身体に障害を与えるほどのアルカリ性ではないにもかかわらず，酸の中和力は大きいので安心して使用できる．これらは実験室に常備しておきたい．

1)　無　機　ガ　ス

　次におもな無機ガスの作用と応急処置を示す（厚生省，1989「毒物劇物取り扱いの手引」参照）．

アンモニア（NH_3）：

毒性　アンモニアガスの吸入によりすべての露出粘膜を刺激する．せき，結膜炎，呼吸困難，胸部の不快，チアノーゼなどが見られ，肺浮腫となって致命的になる場合がある．慢性中毒としては気管支炎，慢性結膜炎を起こす．まれな例は永久瘢痕（ひきつれ），一時的に失明をきたす．（注：空気より軽い）

応急処置　新鮮な空気，暖，完全休息，湿った衣服を脱がせ，水と薄い酢で皮膚をよく洗う．こすってはいけない．水で洗眼し，生理食塩水か等張のホウ酸溶液で充分に洗い，局所に麻酔剤を応用する．呼吸障害を起こしているときは5～7％二酸化炭素を含んだ酸素を吸入させないといけない．

塩酸（HCl）：

毒性　急性の場合，粘膜と皮膚の刺激，せき，のどに燃えるような痛み，結膜炎と軽い角膜障害．慢性では，食欲減退，体重減少，頭痛，不眠，のどの痛み，肺出血などがある．

応急処置　多量の水をかけ，炭酸水素ナトリウムの飽和水で洗う．

塩素（Cl）：

毒性　粘膜の刺激，涙，せき，窒息感，のど，気管支筋が強直し，呼吸困難になる．（注：気体はCl_2で，分子量は70.9で空気の2.4倍の重さである）

応急処置　新鮮な空気，患者を毛布と湯たんぽで暖める．締め付けた衣類をゆるめる．いずれも酸素を与え，絶対安静にする．オリーブ油は眼に有効で，呼吸困難なときは酸素吸入を行う．眼に入った場合は多量の水で15分間以上洗い流し，医師の手当てを受ける．

臭素（Br）：

性状　褐色の揮発しやすい液体で，気体は空気より重く（5.5倍）水に溶ける．（注：気体はBr_2の分子であり，分子量は159.8となる重い気体である）

毒性　気道と眼に激しい刺激，気管支炎，結膜炎，窒息感，皮膚と粘膜上に褐色の斑点ができる．遅れて肺浮腫，頭痛，視力障害，言語障害，精神異常，けいれん，こん睡が見られる．

応急処置　塩素の場合と同じように処理する．

一酸化炭素（CO）：

毒性　頭痛，こめかみにどうき，めまい，急脈拍と呼吸，筋肉調節ができない，意識不明を伴う混濁，赤ら顔．

応急処置　新鮮な空気，患者を暖かくする．酸素を与えて人工呼吸をする．興奮剤は与えていけない．

二酸化炭素（CO_2）：

毒性　簡単な窒息剤である．窒息に先立つ徴候は頭痛，めまい，速い呼吸，呼吸困難，睡気，筋力の低下，顔の赤らみ，耳鳴り．（注：炭酸ガス）

応急処置　新鮮な空気，患者を暖かくする．酸素を与えて人工呼吸をする(酸素吸入)．

窒素酸化物（NOx）：

毒性　急性の場合，症状の現れるのはおそい．致死に至らない場合には頭痛，めまい，せき，心臓の鼓動が速まる（心気亢進），時には唇などが紫になる（チアノーゼ），不安，不眠，肺炎，時には衰弱のためせきを抑えて危険を隠すことがある．慢性の場合は，頭痛，不眠，食欲と体重の減少，消化不良，便秘，粘膜の潰瘍．

応急対策　二酸化窒素に曝された疑いのあるものは24時間寝かせて暖かくした部屋に絶対安静．もし必要ならば酸素吸入をする．興奮剤は使ってはいけない．

二酸化イオウ（SO_2）：

毒性　急性の場合，粘膜の刺激，低濃度ではのどの痛み，せき，高濃度ではかすれ声（嗄声），圧迫感と胸痛，飲み込みができない（嚥下困難），気管支炎，非常な高濃度では急性気管支炎，チアノーゼ，肺水しゅ，死．（注：亜硫酸ガス）

応急処置　眼はアンモニアの項と同じ．暖かい部屋で絶対安静にし，必要に応じて人工呼吸をする．もし呼吸困難で肺水腫が起こったならば純酸素を与えないといけない．炭酸水素ナトリウムか乳酸ナトリウムを服用させてアシドーシス（体液の酸性化）を防止する．

硫化水素（H_2S）：

毒性 急性の場合，頭痛，結膜炎．高濃度に曝された場合，眼の苦痛，粘膜の炎症，おう吐，冷や汗，腹痛，下痢，利尿困難，呼吸短縮，せき，胸騒ぎ，気管支炎あるいは気管支肺炎．慢性では眼の炎症，気管支炎，頭痛，衰弱，疲労，消化不良，体重減少，黄だん，あるいは皮膚炎．

応急処置 呼吸障害には暖めて，絶対安静，呼吸治療を数時間続ける．コーヒーを与える．眼に注意，水で充分洗ってから飽和ホウ酸溶液とオリーブ油を使う．苦痛は局所麻酔剤で行う．

シアン化水素（HCN）：

毒性 めまい，頭痛，悪心（気持ちが悪い），のどの緊縮感，心気亢進，ぜん息の徴候を伴う急呼吸と呼吸短縮，けいれん，最後は意識不明．

応急処置 亜硝酸アミル（血圧を下げる作用あり，沸点96℃）を吸入させる．もし吐いたらチオ硫酸ナトリウム（$50\,\mathrm{g\,L^{-1}}$）あるいは過マンガン酸カリウム（$1\mathrm{g\,L^{-1}}$）溶液で胃を洗浄する．必要に応じて酸素吸入，人工呼吸，すぐに医者を呼ぶ．

2) 強アルカリおよび酸の性質と取り扱いの注意

硫酸（H_2SO_4）：10％以上のものは劇物として取り扱われる．水と接触すると激しく発熱する．特に硫酸に水を入れると危険であるから，希釈する場合は水に硫酸を注ぐ手順をとる．人体に付着した場合は激しいやけどを起こし，眼に入った場合は失明することがあるから，取り扱いは充分に注意する．

身体に触れた場合は直ちに多量の流し水で15分以上洗い流し，バケツや洗面器に水を入れて洗ってはならない．少量こぼした場合は土砂に吸着させて取り除くか，炭酸水素ナトリウム（重曹）か炭酸カルシウムで中和する．希硫酸が金属に接触すると水素ガスを発生するので，火気に注意すること．

硝酸（HNO_3）：硝酸は実験室で多量に使用する試薬であるが，人体に付着する度合いは硫酸よりも多い．またその被害も大きい．硝酸は硫酸のような粘性がなく，飛散しやすく，付着した皮膚は硝酸におかされて黄色くやけど跡を残す．硝酸が付着または触れた場合は多量の水と石けん水で洗い流す必要がある

が，これだけでは皮膚の内部への侵入が止まらないから，硝酸を用いる実験の時は1:1または1:2のアンモニア水を用意しておいて，硝酸付着部分の水洗い後にただちに希釈アンモニア水をかけ，洗い水でアンモニア水も流し去る．アンモニア水の代わりに水酸化ナトリウムや水酸化カリウムを使ってはならない．

水酸化ナトリウム，水酸化カリウム（NaOH, KOH）：ナトリウムとカリウムはアルカリ金属の代表で，この水酸化物は強アルカリ性で腐食性が強い．皮膚に触れた場合は多量の水でアルカリのつるつるした感じがなくなるまで充分に洗い流す．場合によっては薄い酢酸かクエン酸で中和し，水で充分洗い流す．無機酸を使ってはならない．

3） 野外におけるガス中毒事例

各種有害ガスの特性と身体症状：野外あるいは身近な生活環境において知らない間に危険が迫っている場合がある．どのようなところで発生するか，あるいはその対策はあるか考えよう．特に一酸化炭素，二酸化炭素，硫化水素など事故の発生は特に多い．ここでは各種有害ガスの特性とそれがどのようなときに事故発生につながるのかを示す．ガスによる事故の場合，ガスの比重が重要な鍵となる．重いか軽いかによって，ガスの広がり方が決まるからである．

表XI-3 各種のガス類の化学的特性

種類		分子量（原子量）	空気を1としての比重	存在量
酸素	O_2	32.00		20.93 %
窒素	N_2	28.01		78.10 %
アルゴン	Ar	39.95		0.93 %
上記3元素から求めた空気の比重（28.94）			1	
				特性
一酸化炭素	CO	28.01	0.97	無味無臭
二酸化炭素	CO_2	44.01	1.52	無味無臭
硫化水素	H_2S	33.07	1.14	卵の腐敗臭
亜硫酸ガス	SO_2	64.06	2.21	強い刺激臭

XI 身を守る化学

表XI-4 有毒ガスの濃度と身体症状（平林）

ガスの種類	濃度	症状
一酸化炭素	50 ppm	許容濃度
	400 ppm	1-2時間で前頭痛, 吐き気の症状が現れ, 2-4時間で後部の頭痛がする.
	1,600 ppm	20分間で頭痛, めまい, 吐き気がし, 2時間で死亡する.
	3,200 ppm	5-10分で頭痛, めまい, 30分で死亡.
	13,000 ppm	1〜3分で死亡.
二酸化炭素	5,000 ppm	許容濃度
	50,000 ppm	50,000 ppm（5％）で呼吸が早くなる.
	100,000 ppm	10〜15分で昏睡状態となる.
	300,000 ppm	30％で即死する.
硫化水素	0.06 ppm	臭いを感知
	1-5 ppm	不快な臭いを感じる
	10 ppm	許容濃度
	400 ppm	30-60分で生命に危機
	700 ppm	中枢麻痺, 即死
二酸化硫黄	0.3-1 ppm	臭いを感知
	5 ppm	許容濃度
	30-40 ppm	呼吸困難
	400-500 ppm	生命危険

　各種気体の比重はその分子量から計算できる. 気体1モル（mol）は22.4 Lであるので, 1 m^{3}には44.6モルのガスが収容される. 表XI-3には各種ガスの特性を示す. 空気を1とした時のガスの比重を分子量から計算で求めた.

　表XI-4には有毒ガスの濃度と身体症状を記した. ガスの種類によって, 感知濃度も, 症状も異なる. できるだけ早く危険を感知し, 避難または安全な身の処置が大切である. 特に二酸化炭素は臭いもなく, 毒ガスではないが, 高濃度になる条件は多く, 30％の濃度では即死する危険なガスである.

地下の青い土壌と酸素欠乏の空気（酸欠）：地球も呼吸をする．東京オリンピックの前, 地下鉄工事が盛んだった頃よく酸素欠乏（酸欠）による事故死が発生した. なぜこのようなことが起こるのか, あるいは同じ場所ならいつも同じように発生するのだろうか. まず発生の条件から述べよう. 東京都の地下鉄

はかなり地下深いところも走っている．もともと海面より低いところも多い．このように地下水の出るような低いところでは青粘土や黒色の硫化鉄（FeS），あるいは青緑色の二硫化鉄（FeS_2）が存在する．

酸化還元の章でも述べたように，硫化鉄や青粘土は還元型の鉄である二価の鉄イオン（Fe^{2+}）の存在を示す．この鉄イオンは空気にふれると，空気中の酸素を奪って三価の鉄となって酸素と結合する．そのため，青粘土の出現する周辺は常に酸欠状態にあるとみていい．

酸欠の青粘土が出現すると直ちにまわりのものが酸欠になるかというと，そうとはかぎらない．これには気象条件が大きく影響する．晴れて気圧の高い日は，空気は上から押されて地下に入っていこうとするので事故の発生は少ない．しかし，気圧の低い日は二価の鉄イオン（Fe^{2+}）の多い砂利層や粘土層を通った酸素の欠乏した空気が地下から出てくるので，これらの空気に満たされた窪地や穴で作業している者にとっては命取りになる条件が整う．

したがって青粘土は危険信号であることを忘れてはならない．地球も気圧の上下によって呼吸をしているのである．気圧の低いとき海面が高くなるのも同じ理由である．

サイロ，むろで発生する二酸化炭素：二酸化炭素は毒ではないが高濃度では即死する．現在はあまり使われなくなったが，酪農家の牛の飼料貯蔵のために用いるのがサイロである．以前はレンガ，ブロック，コンクリート製などであった．これにトウモロコシの一種のデントコーンを詰めて乳酸発酵させ，サイレージにする．デントコーンの代わりに牧草を使用する場合もある．暑い季節でのサイロの詰め込みには詰め込まれた飼料が盛んに呼吸をし，閉鎖されたサイロには二酸化炭素が充満する．低濃度の二酸化炭素は有害でないが，高濃度の二酸化炭素は危険である．

著者に比較的近い友人の家族がこのガスに気が付かず，サイロに首を入れてガスを吸い，2年続けて2人も亡くなっている．事故当時は即死状態であったという．二酸化炭素は無味無臭で，肉体での感知法はない．5％程度で呼吸が早くなり，10％以上では昏睡状態になり，30％では即死する．

大気1 m^3 の中で10％の CO_2 の原料は135 gの糖の分解で充分である．サイロとは異なるが，農村では冬のための野菜を地下に穴を掘って作る「むろ」に

貯蔵する．貯蔵された野菜は生き物である．特にジャガイモなどは春近くなると発芽のためデンプンを糖化し，呼吸と発芽の準備を始める．このため換気の悪い「むろ」では酸欠状態となり二酸化炭素が充満する．このようなところに知らずに入ると命取りとなる．

　ある年の3月上旬の夕方，遠い北海道東部の警察署から電話が来たことがある．最初学生が交通事故でも起こしたのかと緊張したが，そうではなくジャガイモを取りにむろに降りたおばあさんがむろの中で倒れ，おばあさんを助けに入った家人も同じように倒れ亡くなったとのことであった．そこでなぜジャガイモの入っているむろで酸欠になって死ぬのかそのカラクリを知りたいとのことであった．

　植物は光合成で二酸化炭素と水からデンプンを作るが，光のないところでは光合成で作ったデンプンや糖を消費している．特に発芽するときは多量の糖を消費するため二酸化炭素も多量に発生する．

　忘れてならないのは人がむろなどで倒れている場合，その中に何か原因があると考えるべきである．事故にあった人を助けに入って，助けに入った人の命が奪われることはよくある．助けに入る場合は万全の体制をとるべきである．また，二酸化炭素は空気の1.53倍と重いので，下部ほど濃度が高いことも知っておくべきである．

　対策としては縦穴式の上から下に穴を掘る形でなく，土を盛ってむろの横に出入り口を作れば重い二酸化炭素は外に逃げだし，事故の発生は低下するに違いない．

ドライアイス：二酸化炭素を凍らせたドライアイスは一般に気軽に使われる物質であるが，その危険性を意識して使用することが大切である．換気の悪い部屋で使わないこと．$1 m^3$の体積では210グラムで10％以上の濃度となる．

一酸化炭素：人為的事故の多いガスである．近年，国内の大企業で製造した石油ストーブ，瞬間湯沸かし器で一酸化炭素（CO）による死亡事故が多発し，社会問題となっている．また野外ではビニールテントなどで木炭による暖房，あるいは調理での事故が多い．その他，車による一酸化炭素中毒死もときどき発生する．疲れたまま車庫に入り，エンジンをかけたまま寝込む場合や，ある

いは吹雪にあい，動けなくなった車の中で事故にあうことがある．通常，屋外でのアイドリングでは風で拡散されるため事故にはならないが，吹雪などの時は車が雪で洞穴の中に入ったのと同じ状態になり，車内に排気ガスが流れ込んでくる．

　一酸化炭素は自然界では火山ガスの成分でもある．血液中のヘモグロビンは酸素運搬を行っているが，一酸化炭素はヘモグロビンとの結合力が酸素の200倍も強いため，一酸化炭素と結合したヘモグロビンでは酸素が取り込めず，酸素欠乏によって死亡につながる．一酸化炭素は空気よりやや軽く，上にも拡がるため，高いところで呼吸しても事故の防止にはならない．この点は二酸化炭素と異なる．

　火山，温泉のガス：火山ガスの大部分は水蒸気であるが，この中には硫化水素（H_2S），亜硫酸ガス（SO_2），二酸化炭素（CO_2）など有害なガスも含まれていて，火山地帯や温泉地帯ではときどき悲惨な事故が発生する．これらの危険地帯は「地獄谷」とか「殺生ヶ原」などと呼ばれている．その原因とメカニズムを知ることは危険地帯において身を守る上で大切である．

　国内においても硫化水素では草津白根山，立山地獄谷，箱根湯，宮城県鳴子，栃木県那須，秋田県玉川，湯沢，鹿児島県霧島などの温泉で死亡やガス中毒が発生している．

　硫化水素：ヒグマも火山ガスで死ぬときがある．硫化水素は空気の1.2倍ほどの重さのガスである．火山や温泉地帯では卵の腐ったにおいを発する硫化水素の発生があり，これが原因で痛ましい事故が後を絶たない．火山の噴気孔に近づいたある大学の山岳部の集団事故死，あるいは2005年12月，秋田県湯沢市の泥湯温泉に行った東大大学院助手一家4人の事故死などがある．

　これらの事故は少し化学やフィールドの知識があれば防止できるものであった．硫化水素は特有の臭いがあるので，その存在を感知しやすい．もう1つは重いガスであるので，窪地などに溜まりやすい．近年あった冬の温泉地での事故死は深い雪が災いした．通常なら風で飛ばされ，あるいは薄められる硫化水素が雪のため，雪穴や窪地に集まり，運悪くガスの吹き出る温泉を見に来た客を襲ってしまった．

硫化水素から身を守る方法としては，このような地帯では臭いに敏感に反応することである．また，ガスの臭いや息苦しさを感じたときは，しゃがまずできるだけ高い位置で呼吸し，危険地帯から離れなければならない．硫化水素といわず，異常な臭いは危険信号であると考えることが大切である．異常な臭いを我慢してはならない．感知法としては酢酸鉛をしみ込ませた乾燥脱脂綿を持っていると，黒色に変色するので定性的判定ができる．このような温泉地帯では旅館などで常備してもよい．

二酸化炭素：重たく谷間をたどる悪魔のガスは二酸化炭素である．二酸化炭素は地球温暖化の原因物質として現在世界で最も注目されている気体である．しかしこの論議は今すぐ命を奪われる様な問題とは異なる．このガスが高濃度であるとき，いかに恐ろしい悪魔のガスになるかを示したのがカメルーンの惨事である．1986年8月21日，アフリカ，カメルーンのロアーニオス村で悲劇は起こった．

この村から1.5 kmほど離れたところに火山の噴火口にできた湖，ニオス湖がある．ニオス湖の水は湖底にマグマから出る二酸化炭素で満たされ，上層の淡水は混ざらないで存在していた．これがやがて飽和状態になり，火山活動かマグマの熱で加熱されると一気に二酸化炭素が吹き出してくる．多量の二酸化炭素は重いため，谷を伝い下流のロアーニオス村に下りてきた．二酸化炭素は無味無臭で感知できず，眠りについたばかりの村民1,700人の命と多数の家畜の命を奪った．この事件の2年前にも，ニオス湖から95 km離れたマヌーン湖で同じ事故が発生し37人の犠牲者が出ていた．

国内の火山でも二酸化炭素による事故があり，1997年に八甲田山の田代平のガス穴で3名の死亡が報告されている．自衛隊が野外演習で窪地を這い二酸化炭素の存在を知らずに犠牲者の出たことがある．二酸化炭素発生地では窪地は危険である．

粉じん爆発：粉じんはガスや火薬と同じである．粉じん爆発は火災や人命の危機をまねく．粉じん爆発はかつて炭坑内爆発の原因ともなった．ガス爆発と同じである．石炭や木炭でも粉末にして空中に漂えば粉じんはガスと同じ爆発物となる．家庭で使用する小麦粉でも空中に漂う状態はメタンなどの天然ガス

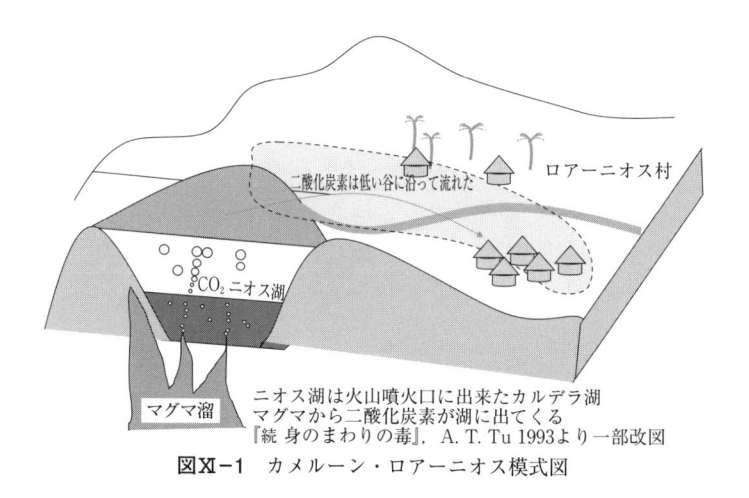

図中ラベル:
- 二酸化炭素は低い谷に沿って流れた
- ロアーニオス村
- CO_2 ニオス湖
- マグマ溜

ニオス湖は火山噴火口に出来たカルデラ湖
マグマから二酸化炭素が湖に出てくる
『続 身のまわりの毒』, A. T. Tu 1993より一部改図

図Ⅺ-1　カメルーン・ロアーニオス模式図

と同様, 火の気があれば爆発する. 表面積が大きくなるので物質が酸化しやすくなるためである. 2006年12月に大阪の化学工場でアルミニウム粉末の爆発があったが, これも同じである. 小麦粉でもアルミニウム粉末でも普段考えられない物質が細かく, 空中に漂うとき爆発するので, 粉末を扱うときは火気に十分注意する必要がある.

酸素吸入周辺は火気厳禁：酸素濃度は炎の勢いに影響する. 火気の周辺での酸素使用は危険である. いきなり爆発的に燃える可能性がある. 一方, 火災現場などでは, 密閉状態のときそれほど大きくない炎が, 扉を開けた途端爆発的に被害が拡がるときがある. 熱のためガス化していた燃焼物が, 酸素の供給で一気に燃えるためである.

幾つかの消火剤にはこの燃焼を逆手にとる方法がある. 今では熱分解生成物が有毒であるため使用されなくなったが, 四塩化炭素がそうである. 火の周りの酸素を消費して消火する. その他にも二酸化炭素あるいは窒素ガスなどで酸素を遮断し消火する方法は電気火災や油火災に応用されている.

粉じん肺：粉じんにはいろいろな方面で遭遇する. トンネル工事, その他の土木工事, ホコリの立つ工場や建築現場, 野外での作業などである. 岩石の粉末は吸引して肺に沈着した場合特に危険である. 炭鉱労働者やトンネル工事者

には肺にケイ酸粉末が沈着するけい肺が多発している.

けい肺は換気能力を低下させ,呼吸困難,心悸亢進(しんきこうしん),咳,痰(たん)などの症状が現れ患者を苦しめる.けい肺のみでなく,石綿(アスベスト)肺,アルミニウム肺,鉄肺などもあり,粉じんの立つ場所での作業には常に危険が伴うことを自覚し,予防対策を怠ってはならない.

3. 生物毒,アレルギー

フィールドにおいてはハチに刺され,草かぶれ,有毒植物による事故などによる皮膚炎や死亡事故が後を絶たない.特にハチ刺されなど軽く考えて命を落とすこともあり,充分注意する必要がある.

1) ハ チ 毒

アレルギーは過剰自己防衛:山野に入ってハチに刺される事故は多い.特に暑い夏の終わりにスズメバチ類に刺される被害が集中する.スズメバチ,モンスズメバチ,チャイロスズメバチ,クロスズメバチ類などである.スズメバチ類は大型で攻撃性が強く,どう猛で毒も強烈である.毎年30~40名の人が死亡している.

ハチアレルギーで起こる全身性アナフィラキシーショック(激症アレルギー)は刺された人のすべてに起こるのではなく,刺された人のおよそ10%程度と推定されている.ハチ毒の成分は蛇毒にも含まれるホスホリパーゼや筋肉や胃粘膜などを補強するヒアルロン酸を分解する酵素であるヒアルロニターゼ,ヒスタミンを含む生体アミン,メルチン,アバミンなどのペプチド,など多数のアレルゲンが含まれている.

発症するのは初回ではなく,2回目以降である.毒液は全体として酸性の液体である.しかし傷口に対するアンモニア水などの使用は効果がない.

ハチアレルギーで起こる全身性アナフィラキシーショックはハチに刺されて数分から30分ほどの短時間に全身に浮腫が発生し,呼吸困難になる症状が発生する.特に過去2,3年以内にハチに刺されたことのある人は身体が過剰防衛に反応するので要注意である.早急に医師による副腎皮質ホルモン剤や抗ヒスタミン剤の投与による治療を受ける必要がある.過去に被害が無かったから

スズメバチ　　　　　クロスズメバチ
毒性成分：ヒスタミン，アセチルコリン，その他
図XI-2　危険なハチの仲間

として放置するのは危険である．

アレルギー反応のメカニズム：図XI-3にも示したように，アレルギー反応の原因物質である抗原（アレルゲン）が体内に入ってくると，血液中にある免疫グロブリンという一種のタンパク質である抗体（IgG, IgM, IgA, IgD, IgEの5種が知られている）が異物排除のために反応する．全身性アナフィラキシーショックに関与する抗体はIgEである．免疫反応は体に対する異物に対して起こり，特に生物体内で作られる高分子（生体高分子）であるタンパク，炭水化物，核酸などの侵入で始まる．

　抗体はこのような異物に対して自己を守るために攻撃を加えるが，生体高分子はほとんど抗原性がある．そのため，自己と自己でない抗原を区別できないと自己破壊が起こる．

　はじめてハチに刺された場合はまだ抗体がないので，ハチ毒の侵入をヘルパーT細胞が感知し，これをB細胞に伝える．B細胞はリンパ球で，抗体産生細胞でもある．抗原の侵入を知らされたB細胞は抗体を生産する．抗体のうちIgEはヘパリンやヒスタミン，セロトニンなどを貯蔵している肥満細胞と結合する．これで肥満細胞の戦闘態勢（感作）は整う．

　一度ハチにさされた人の体内では，ハチ毒に対する抗体が沢山作られ，次の侵入に備えられる．そして2回目以上のハチの刺傷で抗原が取り込まれると，肥満細胞は壊れ，中に入っていた顆粒状のヘパリン，ヒスタミン，ロイコトルエン，セロトニン，マストパラン，ホスポリパーゼなどの化学物質が放出される．

XI 身を守る化学

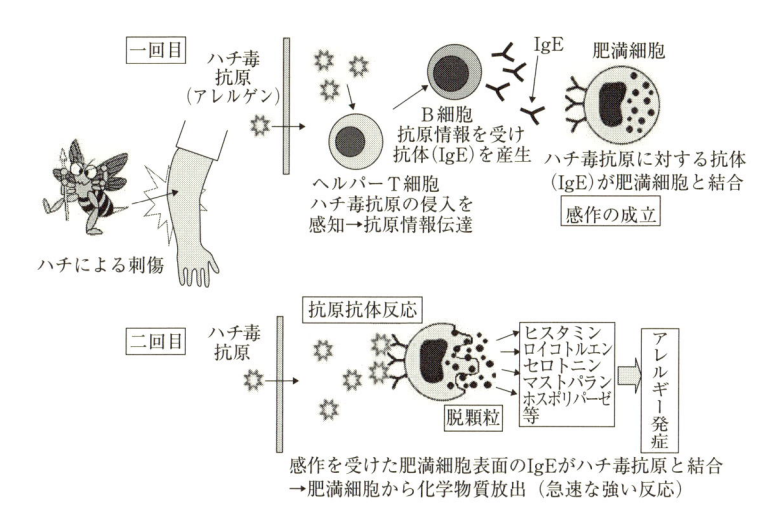

図XI-3 ハチの刺傷によるアレルギー反応のメカニズム

　ヘパリンは血液凝固を抑える作用があり，出血をひどくする．ヒスタミンは強力な血管拡張剤である．その他肥満細胞の物質は鼻水を出したり，あるいは涙を出したりする働きがある．これらは出血を積極的にし，血管を拡げて多量の血液を必要な箇所に送り，鼻水や涙とともに，毒素や異物を洗い流し，排除する大切な働きをする．
　しかし，これらがいっぺんに放出されると自分自身の各臓器を攻撃する過剰防衛になる．これがアナフィラキシーショックと呼ばれるアレルギー反応である．
　これらのアレルギーの発症はハチ毒だけでなく，食べ物である高タンパク質の牛乳，卵白，小麦粉，そばなどのほか，ダニ，杉やヒノキの花粉，カビ，ハウスダスト，薬物である抗生物質でも起こる．

　アナフィラキシーショック：日本人の3人に1人がアレルギー疾患を持っているといわれる．アナフィラキシーショックは即時型過敏反応ともいわれる．頻脈，低血圧，呼吸困難などを起こし，危険なアレルギーで早期の処置を行わないと生命が危ない．ソバアレルギー，スズメバチ毒素アレルギー，ピリンアレルギーなどが含まれる．

先にも述べたように，アナフィラキシーショックはきわめて短時間に発症する．体の表面ばかりでなく，気管もアレルギー症状で呼吸困難を招く．したがって30分以内に専門医にたどり着ければよいが，あいにく病院から遠い山中（山中でハチの害を受けやすいのだが），あるいは医師が不在である場合は生命に関わる危険がある．

現在，このアナフィラキシーショックを緩和するエピペン（アナフィラキシー補助治療剤）の使用が認可された．エピペンはハチ毒だけでなく，食物アレルギーによるアナフィラキシーショックにも有効で，自己注射用である．特に秋口ハチの活動が活発な時期に，深山で作業する方にはぜひ奨めたい常備薬である．医師と相談して入手する．

色の話：ハチに刺されたときの対応を述べたが，刺されないことも重要である．スズメバチの巣の近くには必ず見張りがいて警戒飛行をしている．このようなところには寄りつかないことが一番だが，万一のことを考えてハチの攻撃を最小限にするように心がけよう．ミツバチは甘い蜜を，スズメバチは高タンパク質の幼虫などが狙われるため，ヒトやクマなどの攻撃を太古から受けてきた．そのためそのような外敵に対しての認識が遺伝子にまで組み込まれている．黒い色である．「色」は物質を識別する重要な要素である．ハチにとって黒色は巣をねらうヒトかクマの色である．色について詳しくは分析のところで述べるが，ハチの活動するフィールドに入るときは白い衣服にすることが望ましい．

2) ウルシかぶれ

秋の紅葉，うるし塗りの原料，ハゼノキのロウの採取など，観賞用，工業原料として重要な植物である．もう1つのウルシの顔は"ウルシかぶれ"の原因である．熱帯の果樹であるマンゴーやカシュナッツもその仲間に入る．世界中で約600種が知られている．日本の野生種では，ヤマウルシ，ツタウルシ，ハゼノキ，ヤマハゼ，およびヌルデの5種である．すべてウルシ属に属する．

ウルシ科の植物であるツタウルシやウルシなどの樹皮に含まれる乳液の主成分であるフェノール物質は化学構造が類似しているウルシオールの同族体のラッコール Laccol であることが知られている．特異体質の人はウルシに近づいただけで"ウルシかぶれ"の皮膚炎になる．このアレルゲン（アトピー性の

毒性成分
ラッコール
ウルシオール

ヤマウルシ　　ツタウルシ
Rhus trichocarpa　*Rhus ambigua*

図XI-4　ウルシ類と毒性成分

人にアレルギー反応をひき起こす原因物質で抗原物質という）がウルシオール，ラッコールである．

3）イラクサ類

茎や葉に，細毛とともに2mm前後の刺毛があり，触れると蟻酸（HCOOH）を含む液が注射される．かなり痛い．イラクサ類はイラクサ属（*Urtica*）とムカゴイラクサ属（*Laportea*）の2属6種である．痛みは長くは続かず，たいしたことはない．毒の成分は蟻酸であるのでアンモニア水が有効である．

4）トリカブト属

クマの狩猟にも使われた有名な有毒植物である．毒成分はアコニチン類であり，植物体全体に含まれる．トリカブトの名前はその花の形が舞楽のとき被る烏帽子からきている．婦人のスリッパに似ているところからレデイスリッパともいわれ，美しい花を付ける．切り花で人気のあるデルフィニウムもこの近縁である．トリカブトから集められた蜂蜜によって中毒した例もあるという．注意を要する．

中毒する例としては春，株が若いときよく似ている山菜のニリンソウと間違えて食べる場合が多い．

5）青酸毒（MCN：シアン化物）——毒は植物の防護手段

果物は植物が自分の子孫である種を動物に広めてもらうための報酬である．

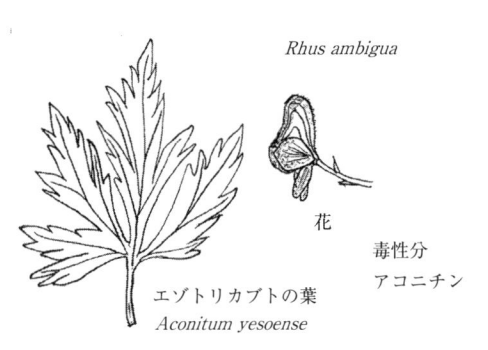

図 XI-5 トリカブトの葉と花

そのため種子の配布摘期と果実の熟した時期が一致しなくてはならない．

若い梅やアンズの実には青酸が含まれているため，あまり食べると下痢をすることで知られている．しかし熟した果実には青酸は含まれない．これは「まだ食べる時期ではありませんよ」という植物からの合図である．しかし「梅は食うとも核（さね＝種）食うな，中に天神寝てござる」とのことばがあるように，生梅の種には成熟しても毒が残っていたことは昔から知られ，生活の知恵としてきた．

シアノ基を含む植物は多く，リンゴ，ナシ，アンズの種子にも含まれる．シアンを含む植物で有名なのが熱帯地方の貴重な食べ物であるキャッサバである．これにはシアン化物でなく有機シアン化物のニトリル（RCN）の形で存在し，食べると体内で酵素によってシアン化水素（HCN）に変わり中毒する．キャッサバはダリアと似たイモを沢山つけ，そのイモから良質のデンプンが多量に取れるので，原住民は水にさらして毒を流してから食べる．

以上のようにシアンは自然界に広く存在するが，農薬などの人工の毒物と比べると大きな違いがある．それは自然界に解毒するための機構（酵素）が存在することである．あえて言えば「神様（自然）の作った物は神様が処理してくれるが，人の作った物は受け入れてくれない」ということであろう．このことは環境やフィールドの問題を考えるときの基本となろう．

XII　分析化学

1. 色と光

1) 波長と色

　光が7色に分かれることを最初に実験で確かめたのは「万有引力」の発見者であるアイザック・ニュートンである．1665～1667年，ペストの大流行で大学が閉鎖されたとき，わずかの間に他の大発見とともに成し遂げられた．万有引力，微積分学などがあまりにも有名で光の七色の発見者としてはあまり知られていない．

　1697年，ロシアのピョートル大帝がヨーロッパに大使節団を送ったことがある．自分も名を変えてそれに参加し，ニュートンに会っている．そのときニュートンは虹の実験をしていて，光は7色であることを説明する．これに対して大帝は「それは何の役に立つか」と質問したと伝えている．ニュートンは「ただそれだけの話だ」と答えたという．現在，光の科学はあらゆる分野で重要な地位を占めている．科学を目先の利益だけで追うべきでないという教訓であろう．

　話を本題に戻そう．可視光線の波長は400 nmのすみれ色から770 nmの赤色の範囲である．先にも述べたように400 nm以下の短い波長の光は紫外線である．可視光線では，400～450 nmが紫，450～480 nmが青，480～560 nmが緑，560～580 nmが黄色，580～650 nmがダイダイ，それ以上の可視光線が赤である．

　色は物質の特徴を表す重要な要素である．

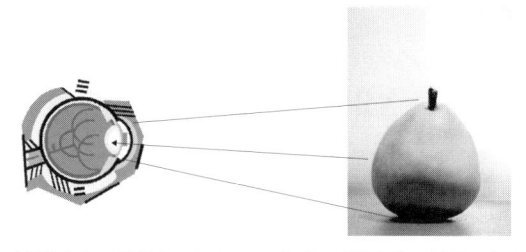

色は物体からの反射光であるので，物体に吸収される波長の光は見えない．黒色は光が全部吸収され，白色は全部反射されている．

図XII-1　物はなぜ見えるか

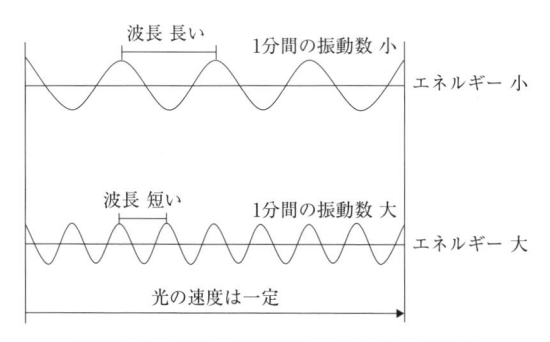

図XII-2　波長，振動数とエネルギーの関係

2) 通りやすい光が色を決める空と海—海の色はなぜ青いか

　海や湖など水面は青く見える．水の中にもぐったらそこは青の世界である．なぜだろうか．水は紫外線や青い光は通すが，波長の長い光は通さない．高い山に登ったとき，霧がかかっていても日焼けをすることを経験したことのある人は多いに違いない．それは水分である霧を紫外線が通り抜けるからである．

　一方，童謡にもある夕焼けは美しい空の色を示す歌となっている．またこれは翌日が晴天であることも示す．なぜだろうか？　夕焼けは赤い光しか通さないために起こる．晴れて乾燥している日はホコリが舞い，波長の短い青い光を通さないので，赤い光が際だつ．このことは西の空が乾燥している，すなわち高気圧がきていることを意味する．

　夜には温度が下がり露とともにホコリは地上に降りさわやかな朝を迎える．反対に上空の湿度が高く温度が下がらず，大気中のホコリはそのまま残ってい

る状態である朝焼けは天気が崩れる前兆である．

　ガラスは紫外線を通しにくい．そのため分析化学では，吸光光度法で分析するときの試料を入れるセルはガラス製ではなく，紫外線を通す石英セルを使用する．

2. 重　量　法

　重量法は最も古くから使われてきた分析定量法である．化学処理によって物質の沈殿を作り，ろ別し，ろ紙上の物質を計量することで存在量を調べる．現在は各種の性能の高い分析機器が使われるが，それでも重量法は使われている．多量に存在するカルシウムの定量にはシュウ酸カルシウムとして沈殿を作り，ろ過して沈殿物を回収する．ろ紙はマッフルと呼ばれる電気炉で600～700℃にして4，5時間かけて焼却する．ろ紙に含まれる灰の重量はそれぞれのろ紙に明記されている．これを量ってカルシウムを求める方法は精度と再現性の高い分析法である．また，土壌や岩石中のケイ酸の定量にも一般的に使用される．

3. クロマトグラフ法―「しみ」から発達した分析法

　ガスクロマトグラフ，ペーパークロマトグラフ，液体クロマトグラフ，薄層クロマトグラフなどである．原理はしみからきている．異なった物質を含む溶液をろ紙などに落とすと，物質の種類によって拡がり方にずれが出てくる．分子の小さい成分は早く，大きい成分は遅れて拡がる．これは液体でもガスでも同じである．物質を吸着しその後展開していくが，ガス類はパイプに，ペーパークロマトグラフはろ紙に，薄層クロマトグラフはガラス板に展開剤を塗布し，分析する物質をこれらの一端につけ，物質の移動差から物質を分離する方法である．展開剤には目的とする物質に適する材料や温度条件に合わせて調整し，あらかじめ明らかな物質と対比して同定する．定性・定量と非常に幅広く用いられている分析法である．

4. 吸光光度法—光の透過は物質の濃度に反比例する

色は物質を判定する重要な要因である．色の違いは波長の違いに現れる．吸光光度法は波長の異なる光の吸光度を測定する方法であり，原子吸光光度法やICPなどが出現する前の主要な分析法である．現在でも検出する物質によって無くてはならない方法である．

原理は目的とする物質を無色のものは何らかの方法で発色させ，この発色した色素をガラスセルか石英セル（紫外線の場合）に入れ，最も同定に適した波長の吸光度を測定し，物質の濃度を定量する．物質の濃度と吸光度の関係は対数的に正比例の関係（ランベルト−ベールの法則）にある．

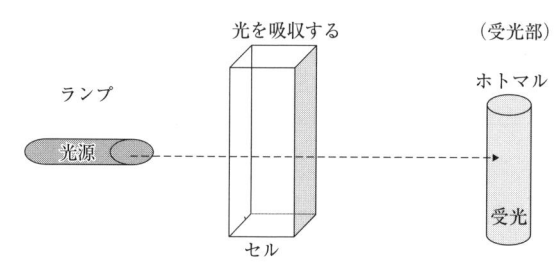

図XII-3 吸光光度法の原理

5. 発光分析と原子吸光光度法

1) 原　　理

ブンゼン・バーナーで有名なローベルト・ブンゼンは19世紀の中期にドイツ・ハイデルベルグ大学の化学の教授になった．ブンゼンは同じ大学の物理学教授のキルヒホッフとともに太陽光のスペクトルの研究をしていた．この研究からそこに存在する物質は固有の波長の輝線を発すること，また同時にその波長の炎の中にその物質を加えると同じ波長の光が吸収され暗線が強く現れることを発見する．たとえばナトリウムを含む炎は黄色を発するが，この炎により高いナトリウムを加えると固有の黄色の光だけ吸収され暗線が現れることが確認された．

XII 分析化学

炎に物質を加え，発光するスペクトルによって含有元素を分析する方法によってブンゼンとキルヒホッフはセシウムとルビジウムを発見している．これが発光分析である．光を吸収する方の利用は20世紀の中期まで待たなくてはならなかった．発光分析はナトリウムやカリウムなどの軽い金属の定量には適していたが，重い元素には適していなかった．

2) 原子吸光光度法

発光分析法の弱点を克服したのが，暗線の原因である吸光を利用する原子吸光光度法である．原子吸光光度計は1955年，オーストラリアのワルシュによって装置化された．

当初はフレームの中に溶液にした物質を吹き込み，この炎の中に検出する元素の光を通し，吸収される光の強さから物質の含有率を求めてきた．現在はこのフレームのみでなく炭素炉（グラファイト）のファーネスも加わり感度をフレーム法の百倍以上にも高めた．さらにフレームでは分析できなかった元素の定量も大幅に増えた．

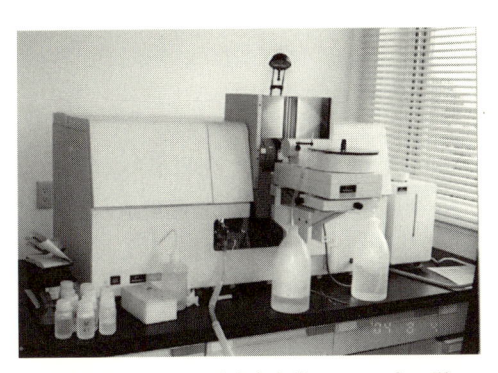

写真XII-1 原子吸光光度計　ファーネス型

ファーネスはわずか直径5 mmほどのグラファイトチューブの中にサンプルを注入し，元素によって異なるが，これを高温で加熱し原子化したときの吸光度を測定する．1回のサンプルはわずか20 μl で測定ができる．この方法ではこれまでフレームで測定できなかったセレン，ヒ素，モリブデンその他多くの元素の測定が可能になった．

3) 水銀分析計

　原理は原子吸光光度法である．ただし，水銀はフレームやファーネスの必要がなく，陶器製のボートに直接試料と補助資剤を加え，加熱気化還元し，分析定量する．現在の水銀計は精度・感度とも高く，1 ppb の水銀でも測定可能である．その代わり，実験室の水銀汚染は絶対許されない．実験室では蛍光灯1本の破損でも使用不可となる．写真XII-2には日本製の水銀分析計を示す．

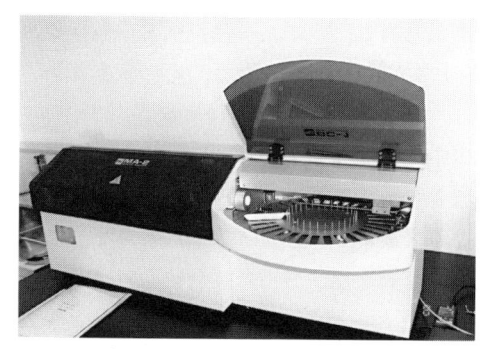

写真XII-2　水銀分析計

6．X線回折装置

　1912年，X線のビームは結晶によって回折現象を示すことがラウエによって発見された．この技術はさらに発展し，結晶構造の解明や結晶鉱物の同定に無くてはならないものとなった．写真XII-3，4は東北大学農学研究科の南條研究室で，土壌や火山灰中の鉱物の同定に使われている装置である．

　X線回折装置で同定するには単品の鉱物や結晶にすることが必要であり，粘土鉱物の同定にしてもその前処理には先人の多大な努力によって確立されてきた．これらの技術を是非引き継いでいきたいものである．

XII 分析化学

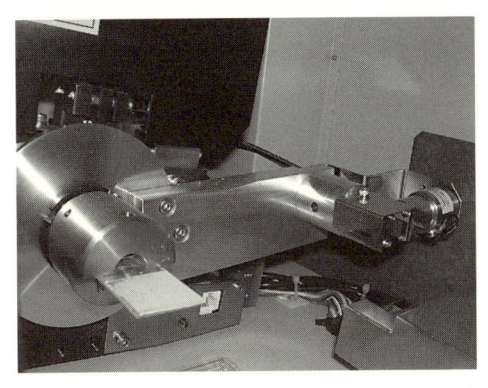

写真XII-3 X線回折装置の検出器（東北大学　南條正巳博士 提供）

写真XII-4 X線管球側（東北大学　南條正巳博士 提供）

7. 分析上の注意事項

1) データの検出にはチェック機能を付けること

　化学分析は機器化，あるいはコンピュータによるオートメーションシステム化されてきた．場合によっては無人状態で分析可能な場合がある．しかしそれでもデータの信憑性を得るため，チェック機能が必要である．先に述べた原子吸光光度法，あるいはICP法でもあらかじめ濃度の明らかな標準液を用いてそれとの対比で濃度を決定していくシステムである．この場合，標準液の内部物質が容器などに吸着されて，正確でなくなってくる場合があるので，できる

だけ新しく調整した標準液を用いる．

元素によって標準液保存期間が異なる：標準液は作成したとき正確であっても，時間の経過とともに濃度が変わってくる．同じ金属元素では薄い濃度ほど早く使用に適さなくなる．金属元素間では酸化還元電位の高い元素（酸化されにくい元素，銅など）は劣化しやすい．使用の都度作成することが望ましい．

標準添加法：原子吸光光度法による分析では標準液を用いたときと，試料を用いたときで感度が異なる場合がある．この場合，試料中の共存イオンによって高く出る場合と低く出る場合の双方がある．アルカリ金属，あるいはアルカリ土類金属が多い試料では実際より高い値がでる．多くの原子吸光光度計ではバックグランド補正装置が付いているが，D2ランプ（重水素ランプ）では波長が300 nm以上の元素の補正はできない．

一方，分解剤に使用する各種の酸や試料中のリン酸はマイナスにデータがでる．フレーム分析によるこの対策にはランタンが1,000 ppmになるように塩化ランタン溶液（Laとして100,000 ppm）を加えて行う．安全なのは，試料に標準液を加えたサンプルを入れ，得られた結果から，試料分の値を差し引き，添加した標準液の値が検量線とどの程度合致するか確認し，その割合でデータを補正することが望ましい．この方法はファーネスの方法にも有効である．ファーネスでも実際の値より1/2程度の値になる元素もあり，注意が必要である．

［例］　別に定量した試料の濃度 45 ng ml^{-1}，加えた標準液 100 ng ml^{-1} とし，得られた結果が 110 ng ml^{-1} であったとする．これから

$$110 - 45 = 65 \text{ ng ml}^{-1}$$

が標準液 100 ng ml^{-1} の値である．したがってこの試料の実際の値は65％の値とみなし，計算すると

$$45 \div 0.65 = 69 \text{ ng ml}^{-1}$$

となり，69 ng ml^{-1} が実際の値に近い．

2） 環境汚染物質は極力出さない

もう1つ大切なことは，実験ではできるだけ不要な環境汚染物質を出さない

ことである．現在は実験室の汚染物質の処理費も馬鹿にならない．以前は多量の試料を分解し，大半は捨てていた時代がある．農業試験場などで最も多かったのは窒素定量用のケルダール分解廃液である．1回に10 mlも使用しないのに，100 mlもの溶液を作成する．

ケルダール分解液で厄介なのは硫酸銅などの重金属を触媒として使用している．この硫酸廃液は中和しても捨てることができない．現在はこのような重金属を使用しなくても，硫酸と過酸化水素のみで分解する方法（水野・南，1980）もある．この方法では過酸化水素は水となる．また重金属や硫酸カリウムを加えたのと異なり，この分解液は硫酸に影響されない他の元素の分析にも使用できる．分析試料も必要な量の10 mlあるいは20 mlの最小量とすることで，あとの残りは炭酸ナトリウムなどで中和すれば容易に処理できる．

8. 植物体乾物中の主要元素含有率

分析定量をする場合，ある程度試料中の元素含有率の予測できる方が間違いや失敗減につながる．それは動物その他の試料も同じである．植物の場合は種や成育過程，または部位によって各元素の含有率は著しく異なる．したがって，ここに示す値もおおよその数値である．

1) 多量要素（乾物中含有率）

窒素（N）は1～4％の範囲にある．同一植物体でも若い方の含有が高い．また，イネ科植物よりマメ科植物で高い．リン（P）は0.1～0.5％の範囲にある．カリウム（K）は0.2～2％の範囲にある．種子を付ける植物では茎葉でカリウム含有率が高い．マグネシウム（Mg）は0.1～0.3％の範囲にある．

カルシウム（Ca）は0.2～5％の範囲にあり，植物間で大きな差がある．イネ科植物のカルシウム含有率は0.5％以下である．他の植物は1～5％の含有率である．マメ科，ナス科で高い．作物をケイ酸植物と石灰植物に大別する方法があり，ケイ酸含有率の高いイネ科でカルシウムは低く，ケイ酸含有率の低い作物でカルシウム含有率が高いとされている．しかし，ウリ科では双方とも高い．キュウリなどの棘はガラスの原料であるケイ酸でできているが，キュウリはカルシウム含有率も7，8％の高い値を示す．必須元素ではないがケイ酸

(SiO_2) の含有率はイネ科で 1～15 %（イネは 5～15 %，籾殻では 10～20 % 程度のも見られる）の範囲である．

イオウ（S）は 0.1～0.5 % の範囲にあるが，タマネギは 1 % を超える．

2) 微量要素

微量要素といわれる元素の含有率は乾物当たり 0.1 %（1,000 mg kg^{-1}）以下である．この中で最も含有率の高い塩素は 500～1,000 mg kg^{-1} の範囲にあり，海岸の近くでは高い値となる．鉄（Fe）とマンガン（Mn）は普通 40～100 mg kg^{-1} の範囲にあるが，まれにイネや特殊な土壌地帯での植物で 100～1,000 mg kg^{-1} の高い含有率を示す．マンガンは土壌 pH の変動で植物の吸収含有率がもっとも変動する元素である．pH が 1 上昇することで，含有率が 1/10 になることも珍しくない．

亜鉛（Zn）は 10～30 mg kg^{-1} の範囲にある．また，銅（Cu）の含有率は 3～10 mg kg^{-1} の範囲にあるが，銅の欠乏地帯では 1 mg kg^{-1} 以下の植物も見られる．

ホウ素（B）はイネ科で 10 mg kg^{-1} 以下である．これに対して，他の植物は 20～40 mg kg^{-1} の範囲にあり，イネ科植物の生理的特徴が出ている元素である．モリブデンは 0.5～2 mg kg^{-1} の範囲にあり，特に種間差の大きな元素ではない．ただし，何らかの都合で，モリブデンが多く存在するところでは簡単に 10 倍もの含有率となるが，その程度では過剰症が発生しない．

アメリカのウマ・ウシなどの飼料中のこれら元素の必要含有率が示された飼養標準が出されている．この中で鉄，マンガンは 40 mg kg，銅は 10 mg kg^{-1}，亜鉛は 40 mg kg^{-1} とされている．しかし，鉄とマンガン含有率はこの基準をクリアできるが，日本の牧草で銅と亜鉛はこの基準に到達することは困難である．植物の各種の元素はそれを栄養源としてきた動物に直接影響する問題を持つ．通常，植物はある一定の成分含有率であるが，この値の 5～10 倍以上では過剰害になり，反対に 1/5～1/10 以下では欠乏症が発生する．

必須元素ではないが，土壌汚染防止法でコメのカドミウム含有率が規制されているが，一般の土壌での玄米中カドミウム含有率は 0.1 mg kg^{-1} 以下であって，大部分は 0.05 mg kg^{-1} 以下である．

9. 分析機器使用上注意すること

　使用上の注意事項は機器のマニュアルに載っているが，多くの場合，マニュアルの分析条件は標準溶液でなされていて，実際の試料を元に得られたデータではない．実際の試料では，試料分解のためのさまざまな酸やその他の補助剤が加わり，また，試料にも多くの未確認の元素が含まれていて，分析データに影響する．

　それと，機器はできるだけ頻繁に使用するとトラブルが少なくなる．これには実験者の慣れも影響するが，機械自身の保守管理が影響しよう．

　ここでは同時多元素分析機器であるICP（高周波誘導結合プラズマ）などを省略したが，分析機器は今後ともさらに日進月歩で発展する．整備するとき，どのような機器を選ぶか目的によって異なってくる．当然，最先端の研究ではなく，特定の元素分析では経済性も考慮して使い易さや，メーカーのアフターケアの善し悪しも重要である．

参　考　書

環境に関する参考書

茅野　充男・斎藤　寛：『重金属と生物』博友社，1988

E. J. Underwood 著　日本化学会訳編：『微量元素―栄養と毒性―』丸善，1973

レイチエル・カーソン著，青樹簗一訳『沈黙の春』新潮社，1987

シーア・コルボーン，ダイアン・ダマノスキ，ジョン・ピーターソン・マイヤーズ著，長尾　力訳『奪われし未来』翔泳社，2001

酸化還元電位や溶解度を計算するための参考書

Bard, A. J. 1966：『Chemical Equilibrium』Harpercollins College Div, 1966

Freiser, H and Fernando 著　藤永太一郎・関戸栄一訳『イオン平衡』化学同人，1967

山県　登・水野直治『フィールドの化学』産業図書，1980

化学計算のための参考書

ピーター・テビット著，北浦和夫・田中秀樹訳『化学を学ぶ人の基礎数学』化学同人，1997

付　表

付表1　単体−酸化物読み換え表（係数）

単体	酸化物	酸化物から単体	単体から酸化物
Al	Al_2O_3	0.5293	1.8895
As	As_2O_3	0.7574	1.3203
As	As_2O_5	0.6519	1.5339
B	B_2O_3	0.3105	3.2202
Ca	CaO	0.7147	1.3992
C	CO_2	0.2729	3.6644
C	CO_3	0.2001	4.9967
Cu	CuO	0.7989	1.2518
Fe	FeO	0.777	1.2865
Fe	Fe_2O_3	0.6994	1.4297
K	K_2O	0.8301	1.2046
Mg	MgO	0.6030	1.6582
Mn	MnO	0.7745	1.2912
Mn	MnO_2	0.6319	1.5825
Mo	MoO_3	0.6665	1.5003
Na	Na_2O	0.7419	1.3480
Ni	NiO	0.7858	1.2727
N	NO_3	0.2259	4.4261
Pb	PbO	0.9283	1.0772
P	PO_4	0.3261	3.0665
P	P_2O_5	0.4364	2.2916
S	SO_4	0.3338	2.9956
Si	SiO_2	0.4675	2.1392
Zn	ZnO	0.8035	1.2446

付表2　種々の緩衝溶液とpH

(1) JISの標準緩衝溶液とpH

名　称	組　成
シュウ酸塩標準液	0.05 mol/l ビス(シュウ酸)三水素カリウム 　　　　(四シュウ酸カリウム) $KH_3(C_2O_4)_2 \cdot 2H_2O$ 水溶液
フタル酸塩標準液	0.05 mol/l フタル酸水素カリウム $C_6H_4(COOK)(COOH)$ 水溶液
中性リン酸塩標準液	0.25 mol/l リン酸一カリウム　KH_2PO_4— 0.25 mol/l リン酸二ナトリウム Na_2HPO_4 水溶液
ホウ酸塩標準液	0.01 mol/l 四ホウ酸ナトリウム(ほう砂) $Na_2B_4O_7 \cdot 10H_2O$ 水溶液
炭酸塩標準液	0.025 mol/l 炭酸水素ナトリウム　$NaHCO_3$— 0.025 mol/l 炭酸ナトリウム Na_2CO_3 水溶液

温度 ℃	標　準　液				
	シュウ酸塩	フタル酸塩	中性リン酸塩	ホウ酸塩	炭酸塩[a]
0	1.67	4.01	6.98	9.46	10.32
5	1.67	4.01	6.95	9.39	(10.25)
10	1.67	4.00	6.92	9.33	10.18
15	1.67	4.00	6.90	9.27	(10.12)
20	1.68	4.00	6.88	9.22	(10.07)
25	1.68	4.01	6.86	9.18	10.02
30	1.69	4.01	6.85	9.14	(9.97)
35	1.69	4.02	6.84	9.10	(9.93)
38	—	—	—	—	9.91
40	1.70	4.03	6.84	9.07	—
45	1.70	4.04	6.83	9.04	—
50	1.71	4.06	6.83	9.01	—
55	1.72	4.08	6.84	8.99	—
60	1.73	4.10	6.84	8.96	—
70	1.74	4.12	6.85	8.93	—
80	1.77	4.16	6.86	8.89	—
90	1.80	4.20	6.88	8.85	—
95	1.81	4.23	6.89	8.83	—

(a) 括弧内の値は2次補間値を示す.

付　表　　169

(2) 0.1M 水酸化ナトリウム水溶液および飽和水酸化カルシウム溶液の各温度における pH（JIS 参考値，薬局方）

温度/℃	0.1M NaOH	飽和 Ca(OH)$_2$	温度/℃	0.1M NaOH	飽和 Ca(OH)$_2$
0	13.8	13.4	35	12.6	12.1
5	13.6	13.2	40	12.4	12.0
10	13.4	13.0	45	12.3	11.8
15	13.2	12.8	50	12.2	11.7
20	13.1	12.6	55	12.0	11.6
25	12.9	12.4	60	11.9	11.4
30	12.7	12.3			

(3) よく使われる緩衝溶液の組成と pH 値

25 ml 0.2M KCl + x ml 0.2M HCl. 100 ml に希釈			50 ml 0.1M フタル酸水素カリウム + x ml 0.1M HCl. 100 ml に希釈			50 ml 0.1M フタル酸水素カリウム + x ml 0.1M NaOH. 100 ml に希釈		
pH	x	β	pH	x	β	pH	x	β
1.00	67.0	0.31	2.20	49.5		4.20	3.0	0.017
1.20	42.5	0.34	2.40	42.2	0.036	4.40	6.6	0.020
1.40	26.6	0.19	2.60	35.4	0.033	4.60	11.1	0.025
1.60	16.2	0.077	2.80	28.9	0.032	4.80	16.5	0.029
1.80	10.2	0.049	3.00	22.3	0.030	5.00	22.6	0.031
2.00	6.5	0.030	3.20	15.7	0.026	5.20	28.8	0.030
2.20	3.9	0.022	3.40	10.4	0.023	5.40	34.1	0.025
			3.60	6.3	0.018	5.60	38.8	0.020
			3.80	2.9	0.015	5.80	42.3	0.015

50 ml 0.1M KH$_2$PO$_4$ + x ml 0.1M NaOH. 100 ml に希釈			50 ml 0.1M トリス（ヒドロキシメチル）アミノメタン + x ml 0.1M HCl. 100 ml に希釈　ΔpH/Δt ≃ −0.028　I = 0.001 x			50 ml 0.1M KCl/0.1M H$_3$BO$_2$ + x ml 0.1M NaOH　100 ml に希釈		
pH	x	β	pH	x	β	pH	x	β
5.80	3.6		7.00	46.6		8.00	3.9	
6.00	5.6	0.010	7.20	44.7	0.012	8.20	6.0	0.011
6.20	8.1	0.015	7.40	42.0	0.015	8.40	8.6	0.015
6.40	11.6	0.021	7.60	38.5	0.018	8.60	11.8	0.018
6.60	16.4	0.027	7.80	34.5	0.023	8.80	15.8	0.022
6.80	22.4	0.033	8.00	29.2	0.029	9.00	20.8	0.027
7.00	29.1	0.031	8.20	22.9	0.031	9.20	26.4	0.029

pH	x	β	pH	x	β	pH	x	β
7.20	34.7	0.025	8.40	17.2	0.026	9.40	32.1	0.027
7.40	39.1	0.020	8.60	12.4	0.022	9.60	36.9	0.022
7.60	42.4	0.013	8.80	8.5	0.016	9.80	40.6	0.016
7.80	44.5	0.009	9.00	5.7		10.00	43.7	0.014
8.00	46.1					10.20	46.2	

50 ml 0.25M ホウ砂
+ x ml 0.1M MHCl.
100 ml に希釈
ΔpH/Δt ≃ −0.008
I=0.025

50 ml 0.25M ホウ砂
+ x ml 0.1M NaOH.
100 ml に希釈
ΔpH/Δt ≃ −0.008
I=0.001(25+x)

50 ml 0.05M NaHCO$_3$
+ x ml 0.1M NaOH.
100 ml に希釈
ΔpH/Δt ≃ −0.009
I=0.001(25+2x)

pH	x	β	pH	x	β	pH	x	β
8.00	20.5		9.20	0.9		9.60	5.0	
8.20	19.7	0.010	9.40	3.6	0.026	9.80	6.2	0.014
8.40	16.6	0.012	9.60	11.1	0.022	10.00	10.7	0.016
8.60	13.5	0.018	9.80	15.0	0.018	10.20	13.8	0.015
8.80	9.4	0.023	10.00	18.3	0.014	10.40	16.5	0.013
9.00	4.6	0.026	10.20	20.5	0.009	10.60	19.1	0.012
9.10	2.0		10.40	22.1	0.007	10.80	21.2	0.009
			10.60	23.3	0.005	11.00	22.7	

50 ml 0.05M Na$_2$HPO$_4$
+ x ml 0.1M NaOH.
100 ml に希釈
ΔpH/Δt ≃ −0.025
I=0.001(77+2x)

25 ml 0.2M KCl
+ x ml 0.2M NaOH.
100 ml に希釈
ΔpH/Δt ≃ −0.033
I=0.001(50+2x)

pH	x	β	pH	x	β
11.00	4.1	0.009	12.00	6.0	0.028
11.20	6.3	0.012	12.20	10.2	0.048
11.40	9.1	0.017	12.40	16.2	0.076
11.60	13.5	0.026	12.60	25.6	0.12
11.80	19.4	0.034	12.80	41.2	0.21
11.90	23.0	0.037	13.00	66.0	0.30

25℃の値. β：Van Slyke の緩衝値（buffer value）で db/d pH で定義される. ここで b は 1l の緩衝溶液に加えられた強アルカリのモル数. I：イオン強度. ΔpH/Δt：温度係数

付表3 溶解度積定数（25℃）

化 合 物	平 衡	pK_{sp}	K_{sp}
水酸化アルミニウム	$Al(OH)_3 \rightleftarrows Al^{+++} + 3OH^-$	32	1×10^{-32}
リン酸アルミニウム	$AlPO_4 \rightleftarrows Al^{+++} + PO_4^{---}$	18.2	6.3×10^{-19}
ヒ酸バリウム	$Ba_3(AsO_4)_2 \rightleftarrows 3Ba^{++} + 2AsO_4^{---}$	50.1	8×10^{-51}
炭酸バリウム	$BaCO_3 \rightleftarrows Ba^{++} + CO_3^{--}$	8.3	5×10^{-9}
クロム酸バリウム	$BaCrO_4 \rightleftarrows Ba^{++} + CrO_4^{--}$	9.93	1.2×10^{-10}
フッ化バリウム	$BaF_2 \rightleftarrows Ba^{++} + 2F^-$	5.98	1.05×10^{-6}
ヨウ素酸バリウム	$Ba(IO_3)_2 \rightleftarrows Ba^{++} + 2IO_3^-$	8.82	1.5×10^{-9}
過マンガン酸バリウム	$Ba(MnO_4)_2 \rightleftarrows Ba^{++} + 2MnO_4^-$	9.61	2.5×10^{-10}
シュウ酸バリウム	$BaC_2O_4 \rightleftarrows Ba^{++} + C_2O_4^{--}$	7.82	1.5×10^{-8}
硫酸バリウム	$BaSO_4 \rightleftarrows Ba^{++} + SO_4^{--}$	10	1×10^{-10}
ヒ酸ビスマス	$BiAsO_4 \rightleftarrows Bi^{+++} + AsO_4^{---}$	9.4	4×10^{-10}
水酸化ビスマス	$Bi(OH)_3 \rightleftarrows Bi^{+++} + 3OH^-$	30.4	4×10^{-31}
リン酸ビスマス	$BiPO_4 \rightleftarrows Bi^{+++} + PO_4^{---}$	22.9	1.2×10^{-23}
硫化ビスマス	$Bi_2S_3 \rightleftarrows 2Bi^{+++} + 3S^{--}$	97	1×10^{-97}
ヒ酸カドミウム	$Cd_3(AsO_4)_2 \rightleftarrows 3Cd^{++} + 2AsO_4^{---}$	32.7	2×10^{-33}
水酸化カドミウム	$Cd(OH)_2 \rightleftarrows Cd^{++} + 2OH^-$	13.93	1.2×10^{-14}
シュウ酸カドミウム	$CdC_2O_4 \rightleftarrows Cd^{++} + C_2O_4^{--}$	7.75	1.8×10^{-8}
硫化カドミウム	$CdS \rightleftarrows Cd^{++} + S^{--}$	28	1×10^{-28}
ヒ酸カルシウム	$Ca_3(AsO_4)_2 \rightleftarrows 3Ca^{++} + 2AsO_4^{---}$	18.2	6.4×10^{-19}
炭酸カルシウム	$CaCO_3 \rightleftarrows Ca^{++} + CO_3^{--}$	8.32	4.8×10^{-9}
フッ化カルシウム	$CaF_2 \rightleftarrows Ca^{++} + 2F^-$	10.40	4.0×10^{-11}
水酸化カルシウム	$Ca(OH)_2 \rightleftarrows Ca^{++} + 2OH^-$	5.26	5.5×10^{-6}
ヨウ素酸カルシウム	$Ca(IO_3)_2 \rightleftarrows Ca^{++} + 2IO_3^-$	6.15	7.1×10^{-7}
シュウ酸カルシウム	$CaC_2O_4 \rightleftarrows Ca^{++} + C_2O_4^{--}$	8.89	1.3×10^{-9}
リン酸カルシウム	$Ca_3(PO_4)_2 \rightleftarrows 3Ca^{++} + 2PO_4^{---}$	29	1×10^{-29}
硫酸カルシウム	$CaSO_4 \rightleftarrows Ca^{++} + SO_4^{--}$	5	1×10^{-5}
水酸化セリウム	$Ce(OH)_3 \rightleftarrows Ce^{+++} + 3OH^-$	20.2	6.3×10^{-21}
ヨウ素酸セリウム	$Ce(IO_3)_3 \rightleftarrows Ce^{+++} + 3IO_3^-$	9.50	3.2×10^{-10}
水酸化クロム	$Cr(OH)_3 \rightleftarrows Cr^{+++} + 3OH^-$	30.2	6×10^{-31}
リン酸クロム	$CrPO_4 \rightleftarrows Cr^{+++} + PO_4^{---}$	22.62	2.4×10^{-23}
水酸化コバルト	$Co(OH)_2 \rightleftarrows Co^{++} + 2OH^-$	14.89	1.3×10^{-15}
硫化コバルト	$CoS \rightleftarrows Co^{++} + S^{--}$	24.7	2×10^{-25}
臭化銅	$CuBr \rightleftarrows Cu^+ + Br^-$	8.28	5.3×10^{-9}
塩化銅	$CuCl \rightleftarrows Cu^+ + Cl^-$	6.73	1.9×10^{-7}
ヨウ化銅	$CuI \rightleftarrows Cu^+ + I^-$	11.96	1.4×10^{-12}
硫化銅（I）	$Cu_2S \rightleftarrows 2Cu^+ + S^{--}$	47.6	2.5×10^{-48}
チオシアン酸銅（I）	$CuCNS \rightleftarrows Cu^+ + CNS^-$	12.7	2×10^{-13}
ヒ酸銅	$Cu_3(AsO_4)_2 \rightleftarrows 3Cu^{++} + 2AsO_4^{---}$	35.1	8×10^{-36}
水酸化銅	$Cu(OH)_2 \rightleftarrows Cu^{++} + 2OH^-$	19.66	2.2×10^{-20}
ヨウ素酸銅	$Cu(IO_3)_2 \rightleftarrows Cu^{++} + 2IO_3^-$	7.13	7.4×10^{-8}

化合物	平衡	pK_{sp}	K_{sp}
シュウ酸銅	$CuC_2O_4 \rightleftarrows Cu^{++} + C_2O_4^{--}$	7.54	2.9×10^{-8}
硫化銅(II)	$CuS \rightleftarrows Cu^{++} + S^{--}$	35.2	6×10^{-36}
炭酸鉄(II)	$FeCO_3 \rightleftarrows Fe^{++} + CO_3^{--}$	10.46	3.5×10^{-11}
水酸化鉄(II)	$Fe(OH)_2 \rightleftarrows Fe^{++} + 2OH^-$	14.66	2.2×10^{-15}
硫化鉄(II)	$FeS \rightleftarrows Fe^{++} + S^{--}$	17.2	6×10^{-18}
ヒ酸鉄(III)	$FeAsO_4 \rightleftarrows Fe^{+++} + AsO_4^{---}$	20.2	6×10^{-21}
水酸化鉄(III)	$Fe(OH)_3 \rightleftarrows Fe^{+++} + 3OH^-$	38.6	2.5×10^{-39}
リン酸鉄(III)	$FePO_4 \rightleftarrows Fe^{+++} + PO_4^{---}$	22	1×10^{-22}
ヒ酸鉛	$Pb_3(AsO_4)_2 \rightleftarrows 3Pb^{++} + 2AsO_4^{---}$	35.4	4×10^{-36}
臭化鉛	$PbBr_2 \rightleftarrows Pb^{++} + 2Br^-$	4.4	4×10^{-5}
炭酸鉛	$PbCO_3 \rightleftarrows Pb^{++} + CO_3^{--}$	13.0	1×10^{-13}
クロム酸鉛	$PbCrO_4 \rightleftarrows Pb^{++} + CrO_4^{--}$	13.8	1.6×10^{-14}
塩化鉛	$PbCl_2 \rightleftarrows Pb^{++} + 2Cl^-$	4.8	1.6×10^{-5}
フッ化鉛	$PbF_2 \rightleftarrows Pb^{++} + 2F^-$	7.4	4×10^{-8}
水酸化鉛	$Pb(OH)_2 \rightleftarrows Pb^{++} + 2OH^-$	14.92	1.2×10^{-15}
ヨウ素酸鉛	$Pb(IO_3)_2 \rightleftarrows Pb^{++} + 2IO_3^-$	12.55	2.8×10^{-13}
ヨウ化鉛	$PbI_2 \rightleftarrows Pb^{++} + 2I^-$	8.17	6.7×10^{-9}
シュウ酸鉛	$PbC_2O_4 \rightleftarrows Pb^{++} + C_2O_4^{--}$	11.08	8.3×10^{-12}
リン酸鉛	$Pb_3(PO_4)_2 \rightleftarrows 3Pb^{++} + 2PO_4^{---}$	42	1×10^{-42}
硫酸鉛	$PbSO_4 \rightleftarrows Pb^{++} + SO_4^{--}$	7.8	1.6×10^{-8}
硫化鉛	$PbS \rightleftarrows Pb^{++} + S^{--}$	28.15	7.1×10^{-29}
リン酸マグネシウムアンモニウム	$MgNH_4PO_4 \rightleftarrows Mg^{++} + NH_4^+ + PO_4^{---}$	12.6	2.5×10^{-13}
ヒ酸マグネシウム	$Mg_3(AsO_4)_2 \rightleftarrows 3Mg^{++} + 2AsO_4^{---}$	19.7	2×10^{-20}
炭酸マグネシウム	$MgCO_3 \rightleftarrows Mg^{++} + CO_3^{--}$	5.0	1×10^{-5}
フッ化マグネシウム	$MgF_2 \rightleftarrows Mg^{++} + 2F^-$	8.2	6.3×10^{-9}
水酸化マグネシウム	$Mg(OH)_2 \rightleftarrows Mg^{++} + 2OH^-$	10.95	1.1×10^{-11}
シュウ酸マグネシウム	$MgC_2O_4 \rightleftarrows Mg^{++} + C_2O_4^{--}$	4.07	8.6×10^{-5}
ヒ酸マンガン	$Mn_3(AsO_4)_2 \rightleftarrows 3Mn^{++} + 2AsO_4^{---}$	28.7	2×10^{-29}
炭酸マンガン	$MnCO_3 \rightleftarrows Mn^{++} + CO_3^{--}$	10.7	2×10^{-11}
水酸化マンガン	$Mn(OH)_2 \rightleftarrows Mn^{++} + 2OH^-$	12.76	1.7×10^{-13}
シュウ酸マンガン	$MnC_2O_4 \rightleftarrows Mn^{++} + C_2O_4^{--}$	14.96	1.1×10^{-15}
硫化マンガン	$MnS \rightleftarrows Mn^{++} + S^{--}$	15.15	7.1×10^{-16}
臭化水銀(I)	$Hg_2Br_2 \rightleftarrows Hg_2^{++} + 2Br^-$	22.25	5.6×10^{-23}
炭酸水銀(I)	$Hg_2CO_3 \rightleftarrows Hg_2^{++} + CO_3^{--}$	16.05	8.9×10^{-17}
塩化水銀(I)	$Hg_2Cl_2 \rightleftarrows Hg_2^{++} + 2Cl^-$	17.88	1.3×10^{-18}
シアン化水銀(I)	$Hg_2(CN)_2 \rightleftarrows Hg_2^{++} + 2CN^-$	39.3	5×10^{-40}
水酸化水銀(I)	$Hg_2(OH)_2 \rightleftarrows Hg_2^{++} + 2OH$	23	1×10^{-23}
ヨウ素酸水銀(I)	$Hg_2(IO_3)_2 \rightleftarrows Hg_2^{++} + 2IO_3^-$	13.71	2×10^{-14}
ヨウ化水銀(I)	$Hg_2I_2 \rightleftarrows Hg_2^{++} + 2I^-$	28.33	4.7×10^{-29}
硫酸水銀(I)	$Hg_2SO_4 \rightleftarrows Hg_2^{++} + SO_4^{--}$	6.15	7.1×10^{-7}
チオシアン酸水銀(I)	$Hg_2(CNS)_2 \rightleftarrows Hg_2^{++} + 2CNS^-$	19.7	2×10^{-20}

付　表　　　　　　　　　　　　　　　　173

化合物	平衡	pK_{sp}	K_{sp}
水酸化水銀(II)	$Hg(OH)_2 \rightleftarrows Hg^{++} + 2OH^-$	25.52	3×10^{-26}
硫化水銀(II)	$HgS \rightleftarrows Hg^{++} + S^{--}$	52	1×10^{-52}
炭酸ニッケル	$NiCO_3 \rightleftarrows Ni^{++} + CO_3^{--}$	8.18	6.6×10^{-9}
水酸化ニッケル	$Ni(OH)_2 \rightleftarrows Ni^{++} + 2OH^-$	15	1×10^{-15}
硫化ニッケル	$NiS \rightleftarrows Ni^{++} + S^{--}$	24	1×10^{-24}
酢酸銀	$AgC_2H_3O_2 \rightleftarrows Ag^+ + C_2H_3O_2^-$	2.64	2.3×10^{-3}
ヒ酸銀	$Ag_3AsO_4 \rightleftarrows 3Ag^+ + AsO_4^{---}$	22	1×10^{-22}
臭素酸銀	$AgBrO_3 \rightleftarrows Ag^+ + BrO_3^-$	4.26	5.5×10^{-5}
臭化銀	$AgBr \rightleftarrows Ag^+ + Br^-$	12.3	5×10^{-13}
炭酸銀	$Ag_2CO_3 \rightleftarrows 2Ag^+ + CO_3^{--}$	11.2	6.3×10^{-12}
クロム酸銀	$Ag_2CrO_4 \rightleftarrows 2Ag^+ + CrO_4^{--}$	11.72	1.9×10^{-12}
塩化銀	$AgCl \rightleftarrows Ag^+ + Cl^-$	9.75	1.8×10^{-10}
シアン化銀	$AgCN \rightleftarrows Ag^+ + CN^-$	13.8	1.6×10^{-14}
水酸化銀	$AgOH \rightleftarrows Ag^+ + OH^-$	7.73	1.9×10^{-8}
ヨウ素酸銀	$AgIO_3 \rightleftarrows Ag^+ + IO_3^-$	7.51	3.1×15^{-8}
ヨウ化銀	$AgI \rightleftarrows Ag^+ + I^-$	16.08	8.3×10^{-17}
亜硝酸銀	$AgNO_2 \rightleftarrows Ag^+ + NO_2^-$	3.8	1.6×10^{-4}
シュウ酸銀	$Ag_2C_2O_4 \rightleftarrows 2Ag^+ + C_2O_4^{--}$	10.96	1.1×10^{-11}
リン酸銀	$Ag_3PO_4 \rightleftarrows 3Ag^+ + PO_4^{---}$	20.3	2×10^{-21}
硫酸銀	$Ag_2SO_4 \rightleftarrows 2Ag^+ + SO_4^{--}$	4.8	1.6×10^{-5}
硫化銀	$Ag_2S \rightleftarrows 2Ag^+ + S^{--}$	49.2	6.3×10^{-50}
チオシアン酸銀	$AgCNS \rightleftarrows Ag^+ + CNS^-$	12	1×10^{-12}
ヒ酸ストロンチウム	$Sr_3(AsO_4)_3 \rightleftarrows 3Sr^{++} + 2AsO_4^{---}$	18	1×10^{-18}
炭酸ストロンチウム	$SrCO_3 \rightleftarrows Sr^{++} + CO_3^{--}$	9.96	1.1×10^{-10}
クロム酸ストロンチウム	$SrCrO_4 \rightleftarrows Sr^{++} + CrO_4^{--}$	4.44	3.6×18^{-5}
フッ化ストロンチウム	$SrF_2 \rightleftarrows Sr^{++} + 2F^-$	8.6	2.5×10^{-9}
ヨウ素酸ストロンチウム	$Sr(IO_3)_2 \rightleftarrows Sr^{++} + 2IO_3^-$	6.48	3.3×10^{-7}
シュウ酸ストロンチウム	$SrC_2O_4 \rightleftarrows Sr^{++} + C_2O_4^{--}$	9.25	5.6×10^{-10}
リン酸ストロンチウム	$Sr_3(PO_4)_2 \rightleftarrows 3Sr^{++} + 2PO_4^{---}$	31	1×10^{-31}
硫酸ストロンチウム	$SrSO_4 \rightleftarrows Sr^{++} + SO_4^{--}$	6.49	3.2×10^{-7}
臭化タリウム	$TlBr \rightleftarrows Tl^+ + Br^-$	5.41	3.9×10^{-6}
塩化タリウム	$TlCl \rightleftarrows Tl^+ + Cl^-$	3.72	1.9×10^{-4}
ヨウ素酸タリウム	$TlIO_3 \rightleftarrows Tl^+ + IO_3$	5.51	3.1×10^{-6}
ヨウ化タリウム	$TlI \rightleftarrows Tl + I^-$	7.19	6.5×10^{-8}
硫化タリウム	$Tl_2S \rightleftarrows 2Tl^+ + S^{--}$	20.3	5×10^{-21}
水酸化スズ	$Sn(OH)_2 \rightleftarrows Sn^{++} + 2OH^-$	25	1×10^{-25}
硫化スズ	$SnS \rightleftarrows Sn^{++} + S^{--}$	25	1×10^{-25}
ヒ酸亜鉛	$Zn_3(AsO_4)_2 \rightleftarrows 3Zn^{++} + 2AsO_4^{---}$	27.9	1.3×10^{-28}
炭酸亜鉛	$ZnCO_3 \rightleftarrows Zn^{++} + CO_3^{--}$	10.68	2.1×10^{-11}
水酸化亜鉛	$Zn(OH)_2 \rightleftarrows Zn^{++} + 2OH^-$	16.7	2×10^{-17}
リン酸亜鉛	$Zn_3(PO_4)_2 \rightleftarrows 3Zn^{++} + 2PO_4^{---}$	32	1×10^{-32}
硫化亜鉛	$ZnS \rightleftarrows Zn^{++} + S^{--}$	22.8	1.6×10^{-23}

付表 4　酸解離定数 (25°C)

酸	平衡	pK_a	K_a
無機酸			
アンモニウムイオン	$NH_4^+ \rightleftarrows NH_3 + H^+$	9.26	5.5×10^{-10}
ヒ　　酸(1)	$H_3AsO_4 \rightleftarrows H^+ + H_2AsO_4^-$	2.22	6×10^{-3}
(2)	$H_2AsO_4^- \rightleftarrows H^+ + HAsO_4^{--}$	6.98	1×10^{-7}
(3)	$HAsO_4^{--} \rightleftarrows H^+ + AsO_4^{---}$	11.53	3×10^{-12}
亜 ヒ 酸	$HAsO_2 \rightleftarrows H^+ + AsO_2^-$	9.22	6×10^{-10}
ホ ウ 酸	$HBO_2 \rightleftarrows H^+ + BO_2^-$	9.23	5.9×10^{-10}
炭　　酸(1)	$H_2CO_3 \rightleftarrows H^+ + HCO_3^-$	6.35	4.5×10^{-7}
(2)	$HCO_3^- \rightleftarrows H^+ + CO_3^{--}$	10.33	4.7×10^{-11}
クロム酸(2)	$HCrO_4^- \rightleftarrows H^+ + CrO_4^{--}$	6.5	3.2×10^{-7}
シアン酸	$HCNO \rightleftarrows H^+ + CNO^-$	3.66	2.2×10^{-4}
シアン化水素酸	$HCN \rightleftarrows H^+ + CN^-$	9.14	7.2×10^{-10}
フッ化水素酸	$HF \rightleftarrows H^+ + F^-$	3.17	6.7×10^{-4}
セレン化水素酸(1)	$H_2Se \rightleftarrows H^+ + HSe^-$	3.89	1.3×10^{-4}
(2)	$HSe^- \rightleftarrows H^+ + Se^{--}$	11	1×10^{-11}
硫化水素(1)	$H_2S \rightleftarrows H^+ + HS^-$	6.96	1.1×10^{-7}
(2)	$HS^- \rightleftarrows H^+ + S^{--}$	14	1×10^{-14}
ヒドロキシルアンモニウム	$NH_3OH^+ \rightleftarrows NH_2OH + H^+$	5.98	1×10^{-6}
次亜臭素酸	$HBrO \rightleftarrows H^+ + BrO^-$	8.68	2.1×10^{-9}
次亜塩素酸	$HClO \rightleftarrows H^+ + ClO^-$	7.53	3×10^{-8}
亜 硝 酸	$HNO_2 \rightleftarrows H^+ + NO_2^-$	3.29	5.1×10^{-4}
リ ン 酸(1)	$H_3PO_4 \rightleftarrows H^+ + H_2PO_4^-$	2.23	5.9×10^{-3}
(2)	$H_2PO_4^- \rightleftarrows H^+ + HPO_4^{--}$	7.21	6.2×10^{-3}
(3)	$HPO_4^{--} \rightleftarrows H^+ + PO_4^{---}$	12.32	4.8×10^{-13}
硫　　酸(2)	$HSO_4^- \rightleftarrows H^+ + SO_4^{--}$	2	1×10^{-2}
亜 硫 酸(1)	$H_2SO_3 \rightleftarrows H^+ + HSO_3^-$	1.76	1.7×10^{-2}
(2)	$HSO_3^- \rightleftarrows H^+ + SO_3^{--}$	7.21	6.2×10^{-8}
有機酸			
酢　　酸	$CH_3COOH \rightleftarrows H^+ + CH_3COO^-$	4.74	1.8×10^{-5}
アニリニウムイオン	$C_6H_5NH_3^+ \rightleftarrows H^+ + C_6H_5NH_2$	4.61	2.5×10^{-5}
安息香酸	$C_6H_5COOH \rightleftarrows H^+ + C_6H_5COO^-$	4.2	6.3×10^{-5}
クエン酸	$HOOCCH_2 \cdot C(OH)(COOH) \cdot CH_2COOH = H_3Cit$		
(1)	$H_3Cit \rightleftarrows H^+ + H_2Cit^-$	3.13	7.4×10^{-4}
(2)	$H_2Cit^- \rightleftarrows H^+ + HCit^{--}$	4.76	1.8×10^{-5}
(3)	$HCit^{--} \rightleftarrows H^+ + Cit^{---}$	6.4	4×10^{-7}
エチルアンモニウムイオン	$C_2H_5NH_3^+ \rightleftarrows H^+ + C_2H_5NH_2$	10.67	2.1×10^{-11}
エチレンジアミン(1)	$C_2H_4(NH_3)_2^{++} \rightleftarrows H^+ + C_2H_4NH_3NH_2^+$	7.52	3×10^{-8}
(2)	$C_2H_4NH_3NH_2^+ \rightleftarrows H^+ + C_2H_4(NH_2)_2$	10.65	2.2×10^{-11}

酸	平衡	pK_a	K_a
エチレンジアミン四酢酸(EDTA)(1)	$C_2H_4[N(CH_2COOH)_2]_4 = H_4Y$ $H_4Y \rightleftarrows H^+ + H_3Y^-$	2	1×10^{-2}
(2)	$H_3Y^- \rightleftarrows H^+ + H_2Y^{--}$	2.67	2.1×10^{-3}
(3)	$H_2Y^{--} \rightleftarrows H^+ + HY^{---}$	6.16	6.9×10^{-7}
(4)	$HY^{---} \rightleftarrows H^+ + Y^{-4}$	10.22	6.0×10^{-11}
ギ酸	$HCOOH \rightleftarrows H^+ + HCOO^-$	3.77	1.7×10^{-4}
メチルアンモニウムイオン	$CH_3NH_3^+ \rightleftarrows CH_3NH_2 + H^+$	10.72	1.9×10^{-11}
シュウ酸(1)	$(COOH)_2 \rightleftarrows H^+ + COOHCOO^-$	1.25	5.6×10^{-2}
(2)	$COOHCOO^- \rightleftarrows H^+ + (COO)_2^{--}$	4.28	5.2×10^{-5}
フェノール	$C_6H_5OH \rightleftarrows H^+ + C_6H_5O^-$	9.95	1.1×10^{-10}
o-フタル酸(1)	$C_6H_5(COOH)_2 \rightleftarrows H^+ +$ $C_6H_5COOH(COO)^-$	2.95	1.1×10^{-3}
(2)	$C_6H_5COOH(COO)^- \rightleftarrows H^+ +$ $C_6H_5(COO)_2^{--}$	5.41	3.9×10^{-6}
ピリジニウムイオン	$C_5H_5NH^+ \rightleftarrows C_5H_5N + H^+$	5.17	6.8×10^{-6}
酒石酸	$(CHOH \cdot COOH)_2 = H_2Tar$		
(1)	$H_2Tar \rightleftarrows H^+ + HTar^-$	3.04	9.1×10^{-4}
(2)	$HTar^- \rightleftarrows H^+ + Tar^{--}$	4.37	4.3×10^{-5}

付表5 標準および式量還元電位（25℃）

半反応	標準電位	式量電位
$Ag^+ + e \rightleftarrows Ag$	+0.799	
$AgBr + e \rightleftarrows Ag + Br^-$	+0.071	
$AgCl + e \rightleftarrows Ag + Cl^-$	+0.222	
$Ag_2CrO_4 + 2e \rightleftarrows 2Ag + CrO_4^{2-}$	+0.45	
$Ag(CN)_2^- + e \rightleftarrows Ag + 2CN^-$	−0.31	
$AgI + e \rightleftarrows Ag + I^-$	−0.152	
$Ag(NH_3)_2^+ + e^- \rightleftarrows Ag + 2NH_3$	+0.37	
$Ag_2O + H_2O + 2e \rightleftarrows 2Ag + 2OH^-$	+0.342	
$Ag_2S + 2e \rightleftarrows 2Ag + S^{2-}$	−0.71	
$Ag(S_2O_3)_2^{3-} + e \rightleftarrows Ag + 2S_2O_3^-$	+0.01	
$Al^{3+} + 3e \rightleftarrows Al$	−1.66	
$Al(OH)_4^- + 3e \rightleftarrows Al + 4OH^-$	−2.35	
$As + 3H^+ + 3e \rightleftarrows AsH_3$	−0.60	
$As_2O_3 + 6H^+ + 6e \rightleftarrows 2As + 3H_2O$	+0.234	
$H_3AsO_4 + 2H^+ + 2e \rightleftarrows HAsO_2 + 2H_2O$	+0.559	+0.577　$1M$ HCl 中
$Ba^{2+} + 2e \rightleftarrows Ba$	−2.90	
$BiO^+ + 2H^+ + 3e \rightleftarrows Bi + H_2O$	+0.32	
$BiOCl + 2H^+ + 3e \rightleftarrows Bi + H_2O + Cl^-$	+0.16	

半 反 応	標準電位	式 量 電 位	
$Bi_2O_3 + 3H_2O + 6e \rightleftarrows 2Bi + 6OH^-$	-0.46		
$Br_2 + 2e \rightleftarrows 2Br^-$	$+1.087$		
$2HOBr + 2H^+ + 2e \rightleftarrows Br_2 + 2H_2O$	$+1.6$		
$2BrO_3^- + 12H^+ + 10e \rightleftarrows Br_2 + 6H_2O$	$+1.52$		
$C_2N_2 + 2H^+ + 2e \rightleftarrows 2HCN$	$+0.37$		
$Ca^{2+} + 2e \rightleftarrows Ca$	-2.87		
$Cd^{2+} + 2e \rightleftarrows Cd$	-0.402		
$Cd(CN)_4^{2-} + 2e \rightleftarrows Cd + 4CN^-$	-1.03		
$Cd(NH_3)_4^{2+} \rightleftarrows Cd + 4NH_3$	-0.597		
$Cd(OH)_2 + 2e \rightleftarrows Cd + 2OH^-$	-0.809		
$CdS + 2e \rightleftarrows Cd + S^{2-}$	-1.2		
$Ce(IV) + e \rightleftarrows Ce(III)$	—	$+0.06$	$2.5M\ K_2CO_3$ 中
		$+1.28$	$1M\ HCl$ 中
		$+1.70$	$1M\ HClO_4$ 中
		$+1.60$	$1M\ HNO_3$ 中
		$+1.44$	$1M\ H_2SO_4$ 中
$Cl_2 + 2e \rightleftarrows 2Cl^-$	$+1.359$		
$2HOCl + 2H^+ + 2e \rightleftarrows Cl_2 + 2H_2O$	$+1.63$		
$ClO_3^- + 2H^+ + e \rightleftarrows ClO_2 + H_2O$	$+1.15$		
$ClO_4 + 2H^+ + 2e \rightleftarrows ClO_3^- + H_2O$	$+1.19$		
$Co^{2+} + 2e \rightleftarrows Co$	-0.28		
$Co^{3+} + e \rightleftarrows Co^{2+}$	—	$+1.85$	$4M\ HNO_3$ 中
		$+1.82$	$8M\ H_2SO_4$ 中
$Co(NH_3)_6^{3+} + e \rightleftarrows Co(NH_3)_6^{3+}$	$+0.1$		
$Co(OH)_3 + e \rightleftarrows Co(OH)_2 + OH^-$	$+0.17$		
$Cr^{2+} + 2e \rightleftarrows Cr$	-0.56		
$Cr(III) + e \rightleftarrows Cr(II)$	-0.41	-0.37	$0.5M\ N_2SO_4$ 中
		-0.40	$5M\ HCl$ 中
$Cr(CN)_6^{3-} + e \rightleftarrows Cr(CN)_6^{4-}$		-1.13	$1M\ KCN$ 中
$Cr(OH)_4^- + 3e \rightleftarrows Cr + 4OH^-$	-1.2		
$CrO_4^{2-} + 2H_2O + 3e \rightleftarrows CrO_2^- + 4OH^-$		-1.2	$1M\ HNaCH$ 中
$Cr_2O_7^{2-} + 14H^+ + 6e \rightleftarrows 2Cr^{3+} + 7H_2O$	$+1.33$	$+1.00$	$1M\ HCl$ 中
		$+0.92$	$0.1M\ H_2SO_4$ 中
		$+1.15$	$4M\ H_2SO_4$ 中
$Cs^+ + e \rightleftarrows Cs$	-2.92		
$Cu^+ + e \rightleftarrows Cu$	$+0.52$		
$Cu(II) + e \rightleftarrows Cu(I)$	$+0.153$	$+0.01$	$1M\ NH_3^+$
			$1M\ NH_4^+$
$Cu^{2+} + Cl^- + e \rightleftarrows CuCl$	$+0.538$		
$Cu^{2+} + 2e \rightleftarrows Cu$	$+0.337$		
$2Cu^{2+} + 2I^- + 2e \rightleftarrows Cu_2I_2$	$+0.86$		
$CuCl + e \rightleftarrows Cu + Cl^-$	$+0.137$		

付　表

半　反　応	標準電位	式　量　電　位	
$Cu(CN)_3^{2-} + e \rightleftarrows Cu + 3CN^-$		-1.0	$7M$ KCN 中
$CuI + e \rightleftarrows Cu + I^-$	-0.185		
$F_2 + 2e \rightleftarrows 2F^-$	$+2.65$		
$Fe^{2+} + 2e \rightleftarrows Fe$	-0.440		
$Fe(Ⅲ) + e \rightleftarrows Fe(Ⅱ)$	$+0.771$	$+0.64$	$5M$ HCl 中
		$+0.735$	$1M$ HClO$_4$ 中
		$+0.46$	$2M$ H$_3$PO$_4$ 中
		$+0.68$	$1M$ H$_2$SO$_4$ 中
$Fe(CN)_6^{3-} + e \rightleftarrows Fe(CN)_6^{4-}$	$+0.356$	$+0.71$	$1M$ HCl 中
		$+0.72$	$1M$ HClO$_4$ 中
$Fe(EDTA)^- + e \rightleftarrows Fe(EDTA)^{2-}$		$+0.12$	$(0.1M$ EDTA$)$ (pH 4〜6)
$Fe(OH)_3^- + e \rightleftarrows Fe(OH)_2 + OH^-$	-0.56		
$2H^+ + 2e \rightleftarrows H_2$	0		
$Hg_2^{2+} + 2e \rightleftarrows 2Hg$	$+0.792$		
$2Hg^{2+} + 2e \rightleftarrows Hg_2^{2+}$	$+0.907$		
$Hg_2Br_2 + 2e \rightleftarrows 2Hg + 2Br^-$	$+0.139$		
$Hg_2Cl_2 + 2e \rightleftarrows 2Hg + 2Cl^-$	$+0.268$		
$Hg_2I_2 + 2e \rightleftarrows 2Hg + 2I^-$	-0.040		
$HgS + 2e \rightleftarrows Hg + S^{2-}$	-0.72		
$I_2 + 2e \rightleftarrows 2I^-$	$+0.536$		
$I_3^- + 2e \rightleftarrows 3I^-$		$+0.545$	$0.5M$ H$_2$SO$_4$ 中
$HOI + H^+ + 2e \rightleftarrows I^- + H_2O$	$+0.99$		
$2IO_3^- + 12H^+ + 10e \rightleftarrows I_2 + 6H_2O$	$+1.19$		
$K^+ + e \rightleftarrows K$	-2.925		
$Li^+ + e \rightleftarrows Li$	-3.01		
$Mg^{2+} + 2e \rightleftarrows Mg$	-2.37		
$Mn^{2+} + 2e \rightleftarrows Mn$	-1.19		
$Mn(Ⅲ) + e \rightleftarrows Mn(Ⅱ)$		$+1.5$	$7.5M$ H$_2$SO$_4$ 中
$MnO_2 + 4H^+ + 2e \rightleftarrows Mn^{2+} + 2H_2O$	$+1.23$		
$MnO_4^- + 8H^+ + 5e \rightleftarrows Mn^{2+} + 4H_2O$	$+1.51$		
$MnO_4^- + 4H^+ + 3e \rightleftarrows MnO_2 + 2H_2O$	$+1.69$		
$MnO_4^- + e \rightleftarrows MnO_4^{2-}$	$+0.56$		
$Mn(OH)_2 + 2e \rightleftarrows Mn + 2OH^-$	-1.55		
$MnO_2 + 2H_2O + 2e \rightleftarrows Mn(OH)_2 + 2OH^-$	-0.05		
$MnO_4^- + 2H_2O + 3e \rightleftarrows MnO_2 + 4OH^-$	$+0.59$		
$Mo(Ⅳ) + e \rightleftarrows Mo(Ⅲ)$		$+0.1$	$4.5M$ H$_2$SO$_4$ 中
$Mo(Ⅴ) + 2e \rightleftarrows Mo(Ⅲ)$ (緑)		-0.25	$2M$ HCl 中
$Mo(Ⅴ) + 2e \rightleftarrows Mo(Ⅲ)$ (赤)		$+0.11$	$2M$ HCl 中
$Mo(Ⅵ) + e \rightleftarrows Mo(Ⅴ)$	$+0.45$	$+0.53$	$2M$ HCl 中
$NO_3^- + 3H^+ + 2e \rightleftarrows HNO_2 + H_2O$	$+0.94$		
$2NO_3^- + 4H^+ + 2e \rightleftarrows N_2O_4 + 2H_2O$	$+0.80$		

半 反 応	標準電位	式 量 電 位
$NO_3^- + 4H^+ + 3e \rightleftarrows NO + 2H_2O$	+0.96	
$HNO_2 + H^+ + e \rightleftarrows NO + H_2O$	+1.00	
$NO_3^- + H_2O + 2e \rightleftarrows NO_2^- + 2OH^-$	+0.01	
$Na^+ + e \rightleftarrows Na$	-2.713	
$Ni^{2+} + 2e \rightleftarrows Ni$	-0.23	
$Ni(OH)_2 + 2e \rightleftarrows Ni + 2OH^-$	-0.72	
$H_2O_2 + 2H^+ + 2e \rightleftarrows 2H_2O$	+1.77	
$2H_2O + 2e \rightleftarrows H_2 + 2OH^-$	-0.828	
$O_2 + 4H^+ + 4e \rightleftarrows 2H_2O$	+1.229	
$O_2 + 2H_2O + 4e \rightleftarrows 4OH^-$	+0.401	
$O_2^{2-} + 2H_2O + 2e \rightleftarrows 4OH^-$	+0.88	
$H_3PO_3 + 2H^+ + 2e \rightleftarrows H_3PO_2 + H_2O$	-0.50	
$H_3PO_4 + 2H^+ + 2e \rightleftarrows H_3PO_3 + H_2O$	-0.276	
$Pb^{2+} + 2e \rightleftarrows Pb$	-0.126	
$PbO_2 + H_2O + 2e \rightleftarrows PbO + 2OH^-$	+0.28	
$PbO_2 + 4H^+ + 2e \rightleftarrows Pb^{2+} + 2H_2O$	+1.456	
$Pb(OH)_3^- + 2e \rightleftarrows Pb + 3OH^-$	-0.54	
$PbO_2 + SO_4^{2-} + 4H^+ + 2e \rightleftarrows PbSO_4 + 2H_2O$	+1.685	
$PbCl_2 + 2e \rightleftarrows Pb + 2Cl^-$	-0.268	
$PbI_2 + 2e \rightleftarrows Pb + 2I^-$	-0.365	
$PbSO_4 + 2e \rightleftarrows Pb + SO_4^{2-}$	-0.356	
$Pb^{2+} + 2e \rightleftarrows Pb$		+9.987 $4M$ HClO$_4$ 中
$Pt^{2+} + 2e \rightleftarrows Pt$	+1.2	
$PtCl_6^{2-} + 2e \rightleftarrows PtCl_4^{2+} + 2Cl^-$		+0.720 $1M$ NaCl 中
$Rb^+ + e \rightleftarrows Rb$	-2.92	
$S + 2e \rightleftarrows S^{2-}$	-0.48	
$S + 2H^+ + 2e \rightleftarrows H_2S$	+0.14	
$2SO_3^{2-} + 2H_2O + 2e \rightleftarrows S_2O_4^{2-} + 4OH^-$	-1.12	
$S_4O_6^{2-} + 2e \rightleftarrows 2S_2O_3^{2-}$	+0.09	
$SO_4^{2-} + 4H^+ + 2e \rightleftarrows SO_2 + 2H_2O$	+0.17	+0.07 $1M$ H$_2$SO$_4$ 中
$2H_2SO_3 + 2H^+ + 4e \rightleftarrows S_2O_3^{2-} + 2H_2O$	+0.40	
$H_2SO_3 + 4H^+ + 4e \rightleftarrows S + 3H_2O$	+0.45	
$SO_4^{2-} + H_2O + 2e \rightleftarrows SO_3^{2-} + 2OH^-$	-0.93	
$(SCN)_2 + 2e \rightleftarrows 2SCN^-$	+0.77	
$Sb + 3H^+ + 3e \rightleftarrows SbH_3$	-0.51	
$Sb_2O_3 + 6H^+ + 6e \rightleftarrows 2Sb + 3H_2O$	+0.152	
$SbO_2^- + 2H_2O + 3e \rightleftarrows Sb + 4OH^-$		+0.65 $10M$ KOH 中
$SbO^+ + 2H^+ + 3e \rightleftarrows Sb + H_2O$	+0.212	
$Sb_2O_5 + 6H^+ + 4e \rightleftarrows 2SbO^+ + 3H_2O$	+0.58	
$Sb(V) + 2e \rightleftarrows Sb(III)$		+0.75 $3.5M$ HCl 中
$SbO_3^- + H_2O + 2e \rightleftarrows SbO_2^- + 2OH^-$		-0.589 $10M$ NaOH 中

半反応	標準電位	式量電位	
$Sn^{2+} + 2e \rightleftarrows Sn$	-0.140		
$Sn(\mathrm{IV}) + 2e \rightleftarrows Sn(\mathrm{II})$	$+0.154$	$+0.14$	$1M$ HCl 中
$SnCl_6^{2-} + 2e \rightleftarrows Sn^{2+} + 6Cl^-$	$+0.15$		
$Sn(OH)_3^- + 2e \rightleftarrows Sn + 3OH^-$	-0.91		
$Sn(OH)_6^{2-} + 2e \rightleftarrows Sn(OH)_3^- + 3OH^-$	-0.90		
$Sr^{2+} + 2e \rightleftarrows Sr$	-2.89		
$Ti^{3+} + e \rightleftarrows Ti^{2+}$	-0.37		
$Ti(\mathrm{IV}) + e \rightleftarrows Ti(\mathrm{III})$		-0.05	$1M$ H_3PO_4 中
		-0.01	$0.2M$ H_2SO_4 中
		$+0.12$	$2M$ H_2SO_4 中
		$+0.20$	$4M$ H_2SO_4 中
$Tl^+ + e \rightleftarrows Tl$	-0.336		
$Tl^{3+} + 2e \rightleftarrows Tl^+$	$+0.128$		
$Tl(\mathrm{III}) + 2e \rightleftarrows Tl^+$		$+0.78$	$1M$ HCl 中
$U(\mathrm{IV}) + e \rightleftarrows U(\mathrm{III})$		-0.64	$1M$ HCl 中
$UO_2^{2+} + 4H + 2e \rightleftarrows U(\mathrm{IV}) + 2H_2O$		$+0.41$	$0.5M$ H_2SO_4 中
$Zn^{2+} + 2e \rightleftarrows Zn$	-0.763		
$ZnS + 2e \rightleftarrows Zn + S^{2-}$	-1.44		
$Zn(CN)_4^{2-} + 2e^- \rightleftarrows Zn + 4CN^-$	-1.26		
$Zn(OH)_4^{2-} + 2e \rightleftarrows Zn + 4OH^-$	-1.22		
$Zn(NH_3)_4^{2+} + 2e \rightleftarrows Zn + 4NH_3$	-1.03		

付表6　元素の周期表（長周期型）

周期\族	Ia	IIa	IIIa	IVa	Va	VIa	VIIa	VIII			Ib	IIb	IIIb	IVb	Vb	VIb	VIIb	0
1	1 H																	2 He
2	3 Li	4 Be											5 B	6 C	7 N	8 O	9 F	10 Ne
3	11 Na	12 Mg											13 Al	14 Si	15 P	16 S	17 Cl	18 Ar
4	19 K	20 Ca	21 Sc	22 Ti	23 V	24 Cr	25 Mn	26 Fe	27 Co	28 Ni	29 Cu	30 Zn	31 Ga	32 Ge	33 As	34 Se	35 Br	36 Kr
5	37 Rb	38 Sr	39 Y	40 Zr	41 Nb	42 Mo	43 Tc	44 Ru	45 Rh	46 Pd	47 Ag	48 Cd	49 In	50 Sn	51 Sb	52 Te	53 I	54 Xe
6	55 Cs	56 Ba	57～71 ランタノイド	72 Hf	73 Ta	74 W	75 Re	76 Os	77 Ir	78 Pt	79 Au	80 Hg	81 Tl	82 Pb	83 Bi	84 Po	85 At	86 Rn
7	87 Fr	88 Ra	89～103 アクチノイド															
	アルカリ金属	アルカリ土類金属				鉄族 （第4周期） 白金族 （第5,6周期）							窒素族	酸素族	ハロゲン族	不活性気体		

ランタノイド	57 La	58 Ce	59 Pr	60 Nd	61 Pm	62 Sm	63 Eu	64 Gd	65 Tb	66 Dy	67 Ho	68 Er	69 Tm	70 Yb	71 Lu
アクチノイド	89 Ac	90 Th	91 Pa	92 U	93 Np	94 Pu	95 Am	96 Cm	97 Bk	98 Cf	99 Es	100 Fm	101 Md	102 No	103 Lr

元素記号の上の数字は原子番号を示す．

付表7 元素名，原子記号，原子番号および原子量*

元素名	原子記号	原子番号	原子量	元素名	原子記号	原子番号	原子量
アインスタイニウム	Es	99	(252)	鉄	Fe	26	55.85
亜鉛	Zn	30	65.41	テルビウム	Tb	65	158.9
アクチニウム	Ac	89	(227)	テルル	Te	52	127.6
アスタチン	At	85	(210)	銅	Cu	29	63.55
アメリシウム	Am	95	(243)	トリウム	Th	90	232.0
アルゴン	Ar	18	39.95	ナトリウム	Na	11	22.99
アルミニウム	Al	13	26.98	鉛	Pb	82	207.2
アンチモン	Sb	51	121.8	ニオブ	Nb	41	92.91
硫黄	S	16	32.07	ニッケル	Ni	28	58.69
イッテルビウム	Yb	70	173.0	ネオジム	Nd	60	144.2
イットリウム	Y	39	88.91	ネオン	Ne	10	20.18
イリジウム	Ir	77	192.2	ネプツニウム	Np	93	(237)
インジウム	In	49	114.8	ノーベリウム	No	102	(259)
ウラン	U	92	238.0	バークリウム	Bk	97	(247)
エルビウム	Er	68	167.3	白金	Pt	78	195.1
塩素	Cl	17	35.45	バナジウム	V	23	50.94
オスミウム	Os	76	190.2	ハフニウム	Hf	72	178.5
カドミウム	Cd	48	112.4	パラジウム	Pd	46	106.4
ガドリニウム	Gd	64	157.3	バリウム	Ba	56	137.3
カリウム	K	19	39.10	ビスマス	Bi	83	209.0
ガリウム	Ga	31	69.72	ヒ素	As	33	74.92
カリホルニウム	Cf	98	(252)	フェルミウム	Fm	100	(257)
カルシウム	Ca	20	40.08	フッ素	F	9	19.00
キセノン	Xe	54	131.3	プラセオジム	Pr	59	140.9
キュリウム	Cm	96	(247)	フランシウム	Fr	87	(223)
金	Au	79	197.0	プルトニウム	Pu	94	(239)
銀	Ag	47	107.9	プロトアクチニウム	Pa	91	231.0
クリプトン	Kr	36	83.80	プロメチウム	Pm	61	(145)
クロム	Cr	24	52.00	ヘリウム	He	2	4.003
ケイ素	Si	14	28.09	ベリリウム	Be	4	9.012
ゲルマニウム	Ge	32	72.64	ホウ素	B	5	10.81
コバルト	Co	27	58.93	ホルミウム	Ho	67	164.9
サマリウム	Sm	62	150.4	ポロニウム	Po	84	(210)
酸素	O	8	16.00	マグネシウム	Mg	12	24.31
ジスプロシウム	Dy	66	162.5	マンガン	Mn	25	54.94
臭素	Br	35	79.90	メンデレビウム	Md	101	(258)
ジルコニウム	Zr	40	91.22	モリブデン	Mo	42	95.94
水銀	Hg	80	200.6	ユウロピウム	Eu	63	152.0
水素	H	1	1.008	ヨウ素	I	53	126.9
スカンジウム	Sc	21	44.96	ラジウム	Ra	88	(226)
スズ	Sn	50	118.7	ラドン	Rn	86	(222)
ストロンチウム	Sr	38	87.62	ランタン	La	57	138.9
セシウム	Cs	55	132.9	リチウム	Li	3	6.941
セリウム	Ce	58	140.1	リン	P	15	30.97
セレン	Se	34	78.96	ルテチウム	Lu	71	175.0
タリウム	Tl	81	204.4	ルテニウム	Ru	44	101.1
タングステン	W	74	183.8	ルビジウム	Rb	37	85.47
炭素	C	6	12.01	レニウム	Re	75	186.2
タンタル	Ta	73	180.9	ロジウム	Rh	45	102.9
チタン	Ti	22	47.87	ローレンシウム	Lr	103	(262)
窒素	N	7	14.01				
ツリウム	Tm	69	168.9	($C = 12.01$)			
テクネチウム	Tc	43	(99)				

*文部科学省製作著作，「一家に1枚周期表」(2005)

索　引

あ 行

アスベスト　147
アスベスト繊維　65
アナフィラキシーショック　147, 149
アボガドロ数　23
アルカリ　35
アルカリ金属　13
アルカリ土類金属　13
アルカリ病　108
アレルギー　149
アレルギー反応　148, 149
アロフェン　78
安山岩　63
安定同位体　7
安定同位体窒素　7
アンモニア態窒素　43

イオン　10
イオン積　28
イオンチャンネル　107
イオン反応　24
イタイイタイ病　32, 125
一次鉱物　69, 73, 123
一酸化炭素　140, 143
一酸化炭素中毒死　143
遺伝情報　116
陰イオン　10

ウルシオール　150, 151
ウルシかぶれ　150
永久機関　45

エネルギー保存則　44
エピペン　150
塩基飽和度　77
エントロピー　45

オゾン　93
オゾンホール　94
重さの単位　19
温泉のガス　144

か 行

海成粘土　51
海洋地殻　62
海洋プレート　63, 65
解離　10
海嶺　61
花こう岩　1
火砕流　69
過酸化水素　49
火山灰　69
火山灰土　99
火山爆発　72
ガス中毒　140
火成岩　63, 64
活性酸素　48
荷電　42
カドミウムの硫化物　129
ガラスセル　156
灌漑水　119
灌漑文明　118
環境汚染物質　160
環境ホルモン　33

還元剤 42
緩衝作用 37, 38, 136
緩衝力 76
潅水 102
カンラン岩 65

気体の比重 24
拮抗作用 30
規定濃度 27
吸光光度法 156
狂牛病（BSE）33
共通イオン効果 29, 30, 55
ギリシャ文字 17
キレート化合物 32, 59
均一物質 2
禁制原理 4

クロイツフェルト・ヤコブ病 33
黒ボク土 99
クロマトグラフ法 155

軽鉱物 70, 72
ケイ酸 123
軽水素 5
形態変化 56
けい肺 147
劇物・毒物の分類 135
原子 2
原子核 5, 6
原子吸光光度計 125, 157
原子吸光光度法 156
原子番号 5
元素 5
元素の構成 5
玄武岩 63

交換酸度 y1 91
抗原 148
黄砂 72, 94
高山植物 88

抗ヒスタミン剤 147
コロイド 83
混合物質 2
ゴンドワナ大陸 61

さ　行

砂糖 1
酸 35
酸解離定数 39, 58
酸化還元 41
酸化還元電位 46, 47
酸化還元反応 42
酸化剤 42
酸性雨 33, 98
酸素欠乏 141

紫外線 93, 154
紫外線対策 95
紫外線曝露 96
質量 3
磁鉄鉱 70, 71
蛇毒 147
蛇紋岩 65, 66, 67
周期表 10
重金属汚染 125
重金属汚染地帯 112
重金属集積性植物 110
重金属中毒 136
重鉱物 70, 72
重水素 5
硝酸態窒素 43
食塩 1
シルクロード 108
シルト 73, 74
親水基 59
親水性 59
深層海流 8
浸透圧 102
親油性 59

索　引

水銀汚染　127
水銀降下量　127
水銀分析計　158
水酸化物イオン　36
水素イオン　35, 36

青酸毒　151
生物毒　147
石英安山岩　63
石英セル　156
石油消費量　132, 133
石灰岩　68
絶対温度　45, 46
絶対零度　45
セロトニン　148
選択吸収　105

造山帯　61
相乗効果　30
疎水基　59

た　行

耐旱性　101, 102
大工原酸度　91
堆積岩　64, 72
大陸地殻　62
大陸プレート　63, 65
脱酸素剤　43
多量要素　105, 161
炭水化物　42
炭素化合物　12
炭素固定量　133
炭素14法　7
単粒構造　79
団粒構造　79

地殻　61
地球温暖化　9, 46, 131
地球の面積　19
窒素の循環　122

中性子　3
超塩基性岩　64, 66
超塩基性岩植物　85, 86
超塩基性岩地帯　85, 88
超集積性植物　112
貯水細胞　102
チョモランマ　68

底質　72
テフラ　69
電子　3
電子殻　4
電子軌道　4, 12

銅欠乏　104
当量　27
ドライアイス　143
トランスポーター　105, 106, 116
トリカブト　151

な　行

鉛汚染　126
難溶性物質　54

ニオス湖　145
二酸化炭素　120, 140
二酸化炭素による事故　145
二次鉱物　70, 73, 74, 76, 123
ニッケル障害　89
ニッケル超集積性植物　88
二硫化鉄　50

熱力学第1法則　44
熱力学第2法則　45
熱力学第3法則　45
ネルンスト式　46
年代測定　6
粘土鉱物　72, 73, 75, 77

は 行

バイオエタノール 132
バイオエタノール生産 133
パウリの原理 4
パウリの排他律 4
ハチアレルギー 147
ハチ毒 147
発光分析 157
ハロゲン族 12
ハロン 98
パンゲア 61
半減期 7

ヒスタミン 148
ビタミンC 49
必須元素 105
必須微量金属元素 106
ヒドロニウムイオン 35
肥満細胞 148
標準電位 46
表面活性 31
表面張力 30
ビラジカル 49
微量要素 104, 105, 115, 162

ファイトレメディエーション 109, 112
風成塵 72, 94
不活性元素 12
複合汚染 33
副腎皮質ホルモン剤 147
不対電子 25
物質 1
物質の三態 25
プリオン 31
プレートテクトニクス 61
フロン 97, 98
分子 9
粉じん爆発 145
分析機器 163

ヘパリン 148
ヘモシアニン 31, 98
変成岩 64

放射性水素 8
放射線 7

ま 行

マイクロ波 44

水俣病 34, 126

無機化合物の命名法 15
無機窒素の有機化 31
ムギネ酸 106

メソポタミア文明 118
メルトダウン 34
免疫グロブリン 148
メンデレーエフ 11

毛管水 79, 80
毛細管 79, 80
モレーン 73

や 行

有機化学 12
有効態成分 81
遊離基 25

陽イオン 10
陽イオン交換容量 76, 77
溶解度 54, 55
溶解度積 28, 53, 54, 55, 59
陽子 3
葉面散布 115
葉緑素 98

ら 行

ラジカル 48, 49
ラジカル反応 25
ラッコール 150, 151

硫化水素 51, 140, 144
硫化鉄 50
硫酸酸性塩土壌 50

C

C/N 比 31

D

DNA 98, 115
DNA 二重らせん 116

I

ICP 法 159

M

M（濃度） 23
mol（量） 23

P

p スケール 22, 36

S

SI 単位 18

U

UV-A 93
UV-B 93
UV-C 93

X

X 線回折装置 70, 75, 158

〈著者略歴〉

水野直治（みずのなおはる）

1936年10月生まれ
1959年3月酪農学園短期大学卒業
北海道立中央農業試験場主任研究員，東京農業大学農学部助教授，酪農学園大学教授，酪農学園大学客員教授を経て，現在酪農学園大学環境汚染物質・感染病原体分析監視センター研究員．農学博士（東京大学）

水野隆文（みずのたかふみ）

1969年8月生まれ
1998年3月北海道大学大学院農学研究科博士後期課程（農芸化学）修了
国立長寿医療研究センター，北海道大学低温科学研究所，三重大学において博士研究員，三重大学生物資源学部助手を経て，現在三重大学大学院生物資源学研究科准教授．博士（農学）

フィールドの基礎化学
── その応用と展開への道しるべ ──

2007年10月12日　初版

著　者	水野直治 水野隆文
発行者	飯塚尚彦
発行所	産業図書株式会社

〒102-0072 東京都千代田区飯田橋 2-11-3
電　話　03(3261)7821(代)
FAX　03(3239)2178
http://www.san-to.co.jp

装　幀　菅　雅彦

印刷・製本　平河工業社

© Naoharu Mizuno　2007
　Takafumi Mizuno

ISBN 978-4-7828-2057-5 C3043